やさしくわかる！

文系のための
東大の先生が教える

心の健康科学

監修 滝沢 龍
東京大学大学院准教授

はじめに

　メンタルヘルス（Mental Health）やウェルビーイング（Well-being）という言葉をよく耳にするようになりました。物質的な豊かさだけではなく，精神的な豊かさを求める方が多くなってきたことの反映なのかもしれません。

　心の健康を保つには，心の健康問題に早期に対応することに加えて，不調や疾患に至らないよう予防することも重要です。そのためにも，心の健康について科学的な知識を得て，それに基づいて対応することが大切になります。同シリーズの「ストレスと自律神経」でも紹介したように，我々の心身は相互に関連し合いながら，意識しなくとも自律的に健康的なバランスに調整する自然回復力が元来備わっています。何らかの問題があるときは，その回復力がうまく発揮できない状態になっていることが多いものです。

　臨床の現場で「わかってはいるけどやめられないんです」「なんだかわからないけどこうなってしまうんです」といった心理的苦痛の声をくりかえし聞いてきました。こうした苦悩には，普段あまり意識していない自身の信念や観念が根底にあることが多く，そこへの気づきが役立つと知られています。本書でも自身の特性や状態を知ることが回復や予防への第一歩となることが紹介されます。**一人では気づきにくいこともあり，周囲の関係者や専門家の支えも大切ですが，「自身を知る」ことが心の健康に関する多くの対応策，つまり自身の回復力をスムーズに発揮させることにつながります。**

　本書は，「Newton」に掲載された「心の健康」にかかわるさまざまな科学的知識と対応法をわかりやすく紹介することを目指しました。心の健康科学に関する新たな科学的根拠が今後も生みだされ，多くの皆さんに実践されるきっかけになれば幸いです。

監修
東京大学大学院教育学研究科准教授　　滝沢　龍

目次

1時間目 いろいろな心の健康問題

STEP 1
心の健康問題を知ろう

「心の健康問題」は誰にとっても身近なもの 14
心だって,体と同じようなケアが必要 18
精神疾患の種類は500以上! 22
精神の正常と異常の境界は線引きできない 25

STEP 2
誰もが発症しうる「うつ病」

15人に1人が発症しうる「うつ病」 34
うつ病ってどんな病気? 41
うつ病のとき,脳では何がおきている? 45
うつ病のサインを感じたら 50
躁状態とうつ状態をくりかえす「双極症(双極性障害)」..................56

目次

STEP 3
身近な心の健康問題や精神疾患

100人に1人が発症する「統合失調症」..................62
統合失調症に寄り添う「家族SST」..................70
対人関係に支障も「パーソナリティ症」..................72
過剰な不安が発作を引きおこす「不安症」..................78
過剰な不安に対する過剰な防衛「強迫症」..................82
逆境体験が引きおこす心的外傷後ストレス障害（PTSD）............87
偉人伝① 精神疾患の分類に貢献，エミール・クレペリン 94

2時間目 誰もがなりうる「依存症」

STEP 1
依存症って何?

- 身近にひそむさまざまな依存症 98
- 依存症は，何気ないきかっけからはじまる 102
- 「熱中」と「依存」の境界線とは? 106
- 人はなぜ依存し，やめられなくなってしまうのか 108
- 依存症を引きおこす脳のメカニズム 110
- 依存症は「性格」や「意思の弱さ」とは関係ない 114

STEP 2
さまざまな依存症〜物質依存

依存性のある薬物がやめられない「物質依存」......................... 118
「薬物依存症」を引きおこす薬は3種類 123
依存はこうして進んでいく.. 127
手に入りやすいことも原因の一つ「アルコール依存症」............ 132
アルコール依存症は「環境」も重要 135
苦悩の緩和が依存につながる「抗不安薬依存症」..................... 141
コーヒーやエナジードリンクも要注意「カフェイン依存症」........ 144

STEP 3
さまざまな依存症〜行為依存

心の苦痛を避ける行為に依存してしまう「行為依存」................ 150
"賭ける"行為にのめり込む「ギャンブル依存」........................ 153
10〜20代の7％が「ゲーム障害」....................................... 160
中高生をむしばむ「インターネット依存」.............................. 164
インターネット依存の心理状態「FOMO」.............................. 170
依存症の治療は，"回復を続けていく"こと............................. 174

3時間目 脳の特性「発達障害」

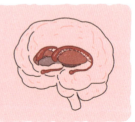

STEP 1
発達障害とは?

発達障害は三つに分かれる 182
10人に1人は発達障害かもしれない 190
大人になってはじめて気づくこともある 195
発達障害は脳神経系の発達の仕方と関連がある..................... 199

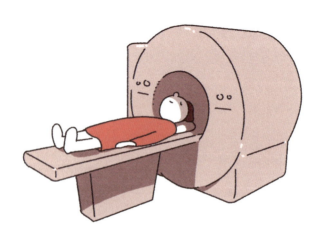

目次

STEP 2
コミュニケーションが苦手な自閉スペクトラム症（ASD）

ASDの症状は大きく分けて二つある..................................... 202
男の子の有病率は女の子の約2倍 207
自閉症とアスペルガー症候群がASDにまとめられた 208
ASDには内側前頭前野のはたらきが影響する........................ 211
脳の体積がかたよっている傾向がある................................. 213
ASDには遺伝子がかかわっているかもしれない 217

STEP 3
不注意や落ち着きのなさが特徴 注意欠如多動症（ADHD）

ADHDの症状は3タイプ..................................... 220
ADHDにはドーパミンが影響している..................................... 227
脳の「基底核」が通常より小さくなっている............................. 230

9

STEP 4
限局性学習症(LD)と,発達障害への対応

読み・書き・計算が困難「限局性学習症(LD)」
.... 236
クラスに1〜2人はLD 242
情報伝達・処理のルートに問題がある 244
発達障害の人はメンタルヘルス不調を引きおこしやすい........... 247
周囲の対応が生きづらさをやわらげる 249

4時間目 心の不調や精神疾患への対応法

STEP 1
心の健康問題や精神疾患におこなわれる対応

- 当事者の心に寄り添う「カウンセリング」.................... 256
- 無意識に注目する「精神分析法」............................. 261
- 問題を引きおこしている行動を修正「行動療法」............... 263
- 認知のパターンを修正「認知行動療法」....................... 266
- 社会での適応力を身につける「生活技能訓練法（SST）」......... 272
- 集団の力で回復を目指す「グループ療法」..................... 274
- ありのままの自分を受け止める「マインドフルネス」............ 276
- 深いレベルの認知にアプローチ「スキーマ療法」............... 283
- 脳機能に直接作用する「薬物療法」........................... 288

とうじょうじんぶつ

滝沢 龍 先生
東京大学で臨床精神医学，臨床心理学，
脳神経科学を教えている先生。

文系会社員（27歳）
理系分野を学び直そうと奮闘している。

1

時間目

いろいろな心の健康問題

STEP 1

 心の健康問題を知ろう

「心の健康問題」と聞くと，ネガティブな印象があるかもしれません。しかし体と同様，心だって不調になりますし，ケアが必要なのです。

「心の健康問題」は誰にとっても身近なもの

 先生，会社で仲のよかった同僚が，**うつ病**で長期療養することになったんです。

 それは心配ですね。
これまで何か**兆候**でもあったんですか？

14

少し前から、最近体がだるくて朝起きられないとか、仕事に出たくないとかときどき言ってましたけど……。兆候というと、それだったのかもしれません。
でも、そんなこと私もよくあるし、あまり気に留めてなかったんですよね。それがうつ病だったなんて……。あいつのこと、わかってやってなかったんだなって、すごく後悔しているんです。

いやいや、診断のつくレベルのうつ病かどうか判断するのはむずかしいですからね。あなたは専門家ではないのですから、そんなに自分を責めなくてよいのですよ。

そう言っていただけると少し気が休まりますが……。
もっと早く察知していればフォローできたかもしれないのにとか、考えてしまうんです。それに、聞いてみたら彼以外にも、心身に不調を抱えている人がまわりに結構いたんですよね。
それで今日は、心の健康に不安を感じたとき、どうすればよいのか先生に教えていただきたくてやってきたんです。何か兆候があるなら見逃したくないし、よい対処方法があれば知っておきたいんです。

それは素晴らしい考え方ですね。確かに、**心の健康問題（メンタルヘルス不調）**は、傷口から血が出たとか、転んで骨を折ったとか、目に見える明らかな症状として出てきませんから、症状が出ているのに気づかなかったり、がまんして無理を重ねてしまいがちです。また、病院に行くことに抵抗がある人もいるでしょう。

1時間目　いろいろな心の健康問題

15

対応が遅れると重症化につながって，診断のつく精神疾患にまで進展してしまうこともありますから，普段から知識を得ておくことはとても大切なことです。

正直なところ，診断がつくような「精神疾患」と聞くと，ちょっと身構えてしまうところがあるし，体のさまざまな疾患と分けて考えてしまっているかもしれません……。

そうでしょう。しかし実は，うつ病などの精神疾患に苦しむ人は，世界で約7億9200万人にも達するというデータがあるんです（ワシントン大学保健指標評価研究所／2017年）。

約8億人もの人が精神疾患に苦しんでいるんですか!?

はい。ざっくりとですが，世界中の人々のうち約10人に1人が何らかの精神疾患を抱えているということになります。ですから，**「心の健康問題が進行して，診断のつくレベルの精神疾患になってしまうこと」は何も特別なものではなく，私たちの誰もが発症するリスクのある，身近な疾患と考えることもできるんです。**

そうなんですね！

次のページのグラフは，2017年時点で各精神疾患を発症していた人がその国の人口のうち何％いたかを推定した調査結果のうち，日本人に関する部分を抜きだしたものです（ワシントン大学保健指標評価研究所／精神疾患の分類はICD-10[※]にもとづく）。

16

ふむふむ……。この当時，日本人全体のうち3.3％がうつ病を発症していたんですね。
心の健康問題の中では，**不安症（不安障害）とうつ病**がダントツに多いですね。

おっしゃる通り，日本人では不安症とうつ病が特に多く，その次に**薬物依存，双極症，アルコール依存症，摂食障害，統合失調症**と続きます。このデータから計算すると，不安症をもつ人は，調査時点で日本全国に400万人以上いたことになります。
また，このグラフで示されている疾患は世界的にも多く，たくさんの人が苦しんでいる疾患でもあるんです。

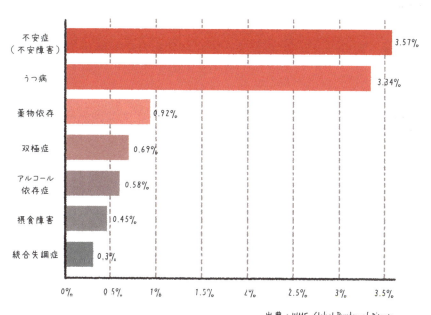

出典：IHME, Global Burden of Disease

※ICD-10：WHOが1990年に作成した疾患の分類のこと。詳細は22〜23ページ参照。

心の健康問題って，こんなに多くの種類があるんですね。薬物依存とかアルコール依存とか……，私もお酒は飲みますから，完全に関係ないとはいえないですね。

精神疾患をもつ人の数を正確に調査することはむずかしいので，調査によって結果がことなる点には注意が必要です。とはいえ，いずれのデータも，今あなたが感じたように，心の健康問題や，それが重症化して診断がつくレベルに至った精神疾患が意外なほど身近にあることを示しているといえるでしょう。

心だって，体と同じようなケアが必要

次のページの地図は，ワシントン大学保健指標評価研究所による**国・地域別の精神疾患有病率マップ**です（2017年）。
2017年の調査時点において，さまざまな国や地域の人のうち何％が精神疾患にかかっていたか（有病率）を推定し，その値に応じて色分けしたものです。
このマップによると，有病率が最も高かったのは**ニュージーランド**（18.71％）で，2番目が**オーストラリア**（18.43％）となっています。逆に最も低いのは**ベトナム**（9.72％）でした。日本は12.36％で，世界平均（12.94％）よりもやや低い数値となっています。

ニュージーランドやオーストラリアは精神疾患の方が多いのかぁ。あんなに広大で自然が豊富なイメージの国に精神疾患の方が多いなんて，少し意外です。

いやいや，自然が多ければ精神疾患にかかりにくいという単純な関係があるわけではありません。それに，そもそもこの結果から「ニュージーランドやオーストラリアは精神疾患が多い」と結論づけるのは適切とはいえないんです。

1時間目　いろいろな心の健康問題

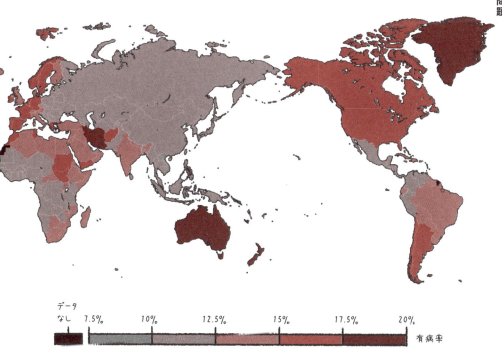

出典：Global Burden of Disease Collaborative Network. Global Burden of Disease Study 2016 (GBD 2016) Results. Seattle, United States: Institute for Health Metrics and Evaluation (IHME), 2017.

え？ どうしてです？
ちゃんと数字に出てきているじゃないですか。

なぜなら，**国民の精神疾患への意識が高い国ほど多くの人が診察を受けるので，心の健康問題や精神疾患が発見されやすく，有病率が高くなりやすいからです。**
実際，オーストラリアは精神疾患への意識が高く，小学校で精神疾患の回復や予防の対応の一つである認知行動療法についての知識が教えられています。

小学校から!?

はい，素晴らしい取り組みをしていると思います。これに対し，**日本は精神疾患をもつ人の医療機関の受診率が低い国の一つと指摘されているのです。**
2002〜2005年に世界保健機関（WHO）がおこなった「世界メンタルヘルス調査」によると，調査時点から過去12か月間に中等度の重症度の精神疾患を経験した人のうち，医療機関を受診した人は，日本では**約17%**しかいませんでした。
ちなみに，受診率が高いベルギーでは，同じ条件で**約50%**が受診していました。

半分も！ 確かに日本人の受診率は低いんですね……。

その後，2013〜2015年におこなわれた日本での調査では約25%と上がっていましたが，それでも他国とくらべると低い値といえます。

うーむ，なぜなんでしょう？

実は，同調査で行われたアンケートで，「受診したことを友人に知られるのは恥ずかしい」と答えた人が約45％いたのです。

そういえば，同僚もギリギリまで病院に行こうとしなかったみたいです。忙しかったのもあるかもしれないけれど，やっぱり，精神科とか心療内科に受診するというと少し抵抗もあったんだろうか。

受診につながらないのにはいろいろな理由があるでしょうが，「受診したことを知られるのが恥ずかしい」という理由は残念なことです。
体も心も同じように，一定期間続くような不調になってしまったら，医療機関などの支援機関で正しい治療や支援をなるべく早く受けることがとても大切です。
風邪をひいたら内科に，お腹をこわしたら胃腸科に，骨折したら整形外科に行くでしょう？
気分がすぐれないことが長く続いたら精神科や心療内科に行くことは，決して恥ずかしいことではないんですよ。

そういわれるととてもわかりやすいです。確かに，体に異常が出たらすぐ病院に行きますからね。
日本ではまだ，「心も，体と同じようにケアすることが当たり前」という空気ではないんですね。

1時間目　いろいろな心の健康問題

21

精神疾患の種類は500以上！

先生，うつ病は今とてもよく耳にする疾患ですけど，精神疾患といっても，ほかにいくつもありますよね。それぞれの診断もむずかしそうですね。

確かに，診断がつくレベルに至った精神疾患にはさまざまな種類があります。それらの疾患はDSMかICDによって定義されていて，国際的に使用されています。

はじめて聞きました。「DSM」とか「ICD」って，何かの機関なんですか？

それぞれについてご説明しましょう。まず，**DSMとは，「Diagnostic and Statistical Manual of Mental Disorders（精神疾患の診断・統計マニュアル）」の略で，アメリカ精神医学会が作成した，精神疾患に関する診断基準**です。
医師は，DSMが示す基準にもとづいて，患者の症状がどの精神疾患に該当するのかを診断しているのです。

なるほど，精神疾患の診断基準に特化した辞書みたいなものなんですね。

そうです。DSMは1952年に第1版が発行され，以後，版を重ねています。そして2013年に発行された第5版「DSM-5」のあとに出された「DSM-5-TR」が，現在最新版となっています。

一方のICDは「International Statistical Classifification of Diseases and Related Health Problems（疾病および関連保健問題の国際統計分類）」の略で，WHOが定めた病気の分類です。

精神疾患に限らず，病気やけがなど1万項目以上が分類されています。WHOは，ICDの分類にもとづいて，各病気の罹患者数などの国際的な統計をとっているんです。

こっちは精神疾患以外の疾患も網羅しているんですね。1万項目だなんて，分厚い百科事典なみですね。

ICDは1900年に第1版が発行されて以降，改訂が重ねられており，2018年に最新版のICD-11が発表され，2022年から使用されています。

ポイント！

DSM
「Diagnostic and Statistical Manual of Mental Disorders（精神疾患の診断・統計マニュアル）」
アメリカ精神医学会による精神疾患の診断基準

ICD
「International Statistical Classifification of Diseases and Related Health Problems（疾病および関連保健問題の国際統計分類）」
WHOが定めた病気の分類

なるほど。この二つが世界共通の精神疾患の診断基準というわけなんですね。でも2種類あると混乱しませんか？

研究の進展にともなって疾患が追加されたり削除されたりするなど、DSMやICDの内容は変化しています。そのため、改訂の時期によっては、DSMとICDの内容にずれが生じることも、確かにあります。
でも基本的には各精神疾患の定義に大きなちがいはなく、あとから改訂した側が、先に改訂した側の内容に追いつくこともよくあります。

なるほど。新種の病気が出てきたり、時代によって考え方が変わったりと、病気の種類もどんどん変化していくわけですもんね。

ちなみに、**DSN-5には、500以上の精神疾患が記載されており、それらが20の項目に分類されています。**

500以上も！
精神疾患って、そんなにたくさんあるんですね……。

精神の正常と異常の境界は線引きできない

それでは、いろいろな心の不調や精神疾患、それからその対応法についてお話ししていこうと思いますが、ここで基本的なことをお伝えしておきましょう。

は、はい。

私たちは、ケガをしたり、身体的な病気をわずらったりしたとき、それが「異常な状態」であると判断すると思います。目に見える状態や指標があることで、そう判断することは容易にできるでしょう。そして、治療を受け、ケガや体の病気が治った段階で、「正常」に戻ったと考えます。

それは当然ではないですか。病気は異常な状態だし、治って健康な体になったら正常でしょう？

しかし、精神疾患においては、そのように「正常な状態」と「異常な状態」を明確に区別することは、とても困難です。たとえばうつ病の場合、軽度から重度まで、人によって症状の重症度レベルはさまざまでしょう。

そうですけど……。

また、診断基準が設けられてはいるものの、見ているスペクトラムがちがうだけで、抑うつ状態と軽度のうつ病は連続していると考えられています。

下のイラストは、その状態をあらわしたものです。つまり、心の健康問題（メンタルヘルス不調）と診断のつくレベルの精神疾患の間に線引きするような明確な基準が実際に存在するわけではなく、**「ここから先は"異常"である」**というような、はっきりとした区別はできないのです。

①メンタルヘルス不調（抑うつ状態など）

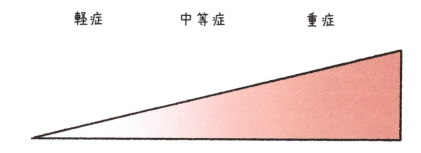

②精神疾患（うつ病など）

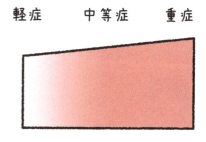

確かに、そう言われるとそうですね。私も仕事や人間関係で憂うつになって、それが長引くこともありますし、面白いゲームにはまって、食事もせずに1日中熱中することもあります。それじゃあうつ病か、依存症かと言われれば、そうじゃないですし。

そうですよね。また、左のページの精神疾患のスペクトラムの左側半分には、本当は心の健康問題が連続して存在しているわけですが、便宜上見ないようにしているだけなのです。そもそも精神疾患を"異常な状態"ととらえること自体が、適切ではないとする意見もあります。
「精神疾患は異常であり、正常に戻すために治療をおこなう」というとらえ方をしてしまうと、「自分はダメな人間だ」「あの人は普通ではない」というように、自分自身や当事者に対する偏見・差別が強まってしまう危険性があるのです。逆に、診断のつくレベルに至っていない心の健康問題であっても、早期に対応することで精神疾患に進展することを予防することができる可能性があります。
それなのに、診断がつかないレベルだから対応しないでよい、と放置してしまうことにもなりかねません。

でも先生、それなら何が基準になるんでしょう？

心の健康問題や精神疾患の重症度は**「心理的苦痛がどれほどあるかどうか」**と**「生活に支障があるかどうか」**を基準にして考えることが大切です。

1時間目 いろいろな心の健康問題

たとえばパーソナリティ症は,「本人や周囲の人が心理的苦痛を感じている場合」に疾患だと診断され,支援や治療がおこなわれます。すなわち,その人の考え方や行動がたとえ平均からいちじるしくずれていたとしても,決してそれが「異常である」から診断や治療をおこなうのではないのです。あくまで,「苦痛をともなう」から,もしくは「生活に支障をきたしている」から,診断をつけて,その方を助けるために支援や治療をおこなうと考えるわけです。

なるほど。つき詰めれば,本人やまわりの人たちが苦痛や迷惑を感じておらず,社会生活ができていれば,何ら問題がないわけですもんね。

その通りです。特性や個性だととらえられる発達障害や性別違和でも,当事者の心理的苦痛をやわらげることを目的として治療がおこなわれることがあります。
何らかの精神疾患に悩んでいる人の根本には,多くの場合, **心理的苦痛** が存在しています。
正常か異常かに注目するのではなく,自分自身や周囲の人が抱える心理的苦痛に注目してみることで,心の健康問題や精神疾患に対する理解は,より深まるでしょう。

なるほど……。

もちろん,今の自分の状況を照らして精神疾患の可能性を考えることはとても重要です。しかし,誤った自己判断だけにとどまってしまうと,「精神疾患かもしれない」という不安や偏見だけを強めてしまう危険性があります。

心当たりがある場合には，必ず医師の受診を検討しましょう。

何か違和感を感じた場合は，専門家に診てもらうことが一番ということですね。

多くの精神疾患は，放置すると症状がどんどん悪化し，本人や周囲の苦痛が大きくなってしまいます。**早期発見・対応が回復に効果的であることはまちがいありません。**

早期発見，早期治療とか，よく言いますよね。

それはほかの病気だけでなく，当然のことながら精神疾患にも当てはまります。もしも何らかの症状がみられたり，不安があったりする場合には，できるだけ早めに相談・受診することが望ましいでしょう。

精神科の医師の診断を受ける際に注意すべきことはありますか？

医師の問診では，正しい診断がされるように，ウソをついたり見栄をはったりしないことが大切です。ただし，話したくないことは「話したくない」と伝えてもまったくかまいません。

先生，精神科と心療内科がありますけど，どちらに行った方がいいんでしょう？

精神科は**心**の症状が専門で，心療内科は心理的な要因からおきる**体**の症状が専門です。
たとえば「気分が落ち込む」「イライラする」などの精神症状に悩んでいる場合は精神科を，「ストレスで動悸がする」「仕事がいやで胃が痛い」など，心や精神からくる身体症状に悩んでいる場合は心療内科を受診してみましょう。

心の症状が精神科，心からくる身体症状は心療内科，ですね！

ポイント！

精神科と心療内科

精神症状に悩んでいる場合
　→精神科
（例）「気分が落ち込む」「イライラする」など。

心や精神からくる身体症状に悩んでいる場合
　→心療内科
（例）「ストレスで動悸がする」
「仕事がいやで胃が痛い」など。

また,受診歴や診断名が勤務先などに伝わってしまうのではないかと不安に感じる人もいるでしょう。しかし,当事者の情報は個人情報保護法によって守られており,医師や保険組合が第三者に情報を提供することは,本人の同意がなければ勝手にはできません。

そうなんですね。私の同僚は,それを少し気にしていたのかもしれません。

また,薬を用いた治療が最も一般的ですが,「処方薬を飲むことに抵抗がある」という人も多いようです。受診したら薬を処方されると思う人がいるかもしれませんが,「まずは相談だけ」というかたちでの受診も可能です。副作用などの理由で薬を極力使用したくない場合は,その意思を伝え,医師と相談しながら治療法を選択することもできます。

なるほど。

ただし,症状によっては薬物療法が必須の場合ももちろんありますので,その点は理解しておいたほうがいいでしょう。それでも「いきなり病院はちょっと……」という人は,さまざまな方法(電話,メール,SNS,チャット等)での相談窓口もありますし,各都道府県にある**精神保健福祉センター**や**保健所**などに相談するとよいでしょう。
何らかの症状に悩んでいる人や,その周囲の人は,まずは相談することが改善の第一歩となるはずです。

なるほど……。同僚のためにも,もっと心の健康についての知識をつけたいです。

いいですね！ 最初にお話ししたように,「心の健康問題」は症状がわかりづらく,がまんしていると重症化してし診断のつくレベルの「精神疾患」にまで進んでしまいがちです。
まずは**早期の心身の不調に「気づき」,自身で早期対応をしたり支援を受けたりすることで,不調になりにくくなります。また不調になっても早期回復できますし,心の健康に問題を抱えてしまっても,たとえ診断のつくレベルの精神疾患に至っていたとしても,重症化を防ぐことができます。**
そのためにもぜひ「心の健康」について,科学的な知識と理解を深めていきましょう。

よろしくお願いします！

1 時間目

いろいろな心の健康問題

STEP 2
 誰もが発症しうる「うつ病」

精神疾患にはさまざまなものがあります。はじめに，昨今のコロナ禍でも急増し，最も身近な心の健康問題（メンタルヘルス不調）ともいえる「うつ病」からくわしく見ていきましょう。

15人に1人が発症しうる「うつ病」

 それでは，ここからあらためて，具体的な精神疾患について見ていきましょう。はじめに，あなたの同僚の方も療養されておられる，うつ病についてお話ししましょう。

 お願いします！

 2011年7月，厚生労働省は，重点的に対策すべき，がん・脳卒中・急性心筋梗塞・糖尿病という四つの疾病（四大疾病）に「精神疾患」を加え，「五大疾病」として新しい医療計画を進めることを発表しました。

精神疾患は，国が対策に乗りだすほど重要な疾患のひとつというわけですか。

はい。そしてその精神疾患の中で，特に現代社会に大きな影を落としている一つが，うつ病なのです。

そうなんですね！

うつ病や双極症（躁うつ病）は気分症（気分障害）といわれています。厚生労働省の患者調査によると，気分症（気分障害）で治療を受けている患者数は，1984年には9万7000人でした。それが，1999年には44万1000人，2008年には104万1000人と，**24年間で約11倍にも増加していることがわかっています。**

11倍!?

2011年には一時的に100万人を切りましたが，これは東日本大震災により，宮城県の一部と福島県は集計に含まれていないからです。しかし，その後も患者数は増加の一途をたどり，2017年には111万6000人と過去最多を記録し，2022年には119万4000人となっています。

勢いが止まらないですね。

そうですね。また，2020年に新型コロナウイルスにより，パンデミックが発生しました。外出を控える生活によって外部との交流が減り，私たちの生活は一変してしまいました。

あの時期はつらかったです……。

 その影響は深刻で，2021年に公表された経済協力開発機構（OECD）による，メンタルヘルスに関する国際調査の結果によると，うつ症状を有する日本人の割合は，コロナ禍前の2013年には7.9％であったのが，**コロナ禍がはじまった2020年には17.3％と，2.2倍も増加したことがわかっています。**

 うつ症状がある人が約2倍になっていたなんて知りませんでした。やっぱり生活が変わるって，精神面への影響も大きいんですね。

コロナ禍以前とコロナ禍におけるメンタルヘルスの変化

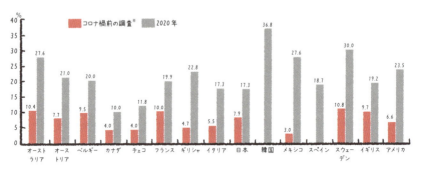

各国のコロナ禍以前とコロナ禍（2020年）におけるうつ病もしくはうつ症状を呈する人の割合（2021年に経済協力開発機構[OECD]が公表したメンタルヘルスに関する国際調査による）
※：コロナ禍前の調査は国によって調査年がことなる
出典：OECD, "Tackling the mental health impact of the COVID-19 crisis: An integrated, whole-of-society response," 2021 より一部改変

そうですね。また、それだけではなく、うつ病なのに、実際には医療機関を受診していない人がこの数倍はいると推測されているのです。
ですから、受診していない人の数も合わせると、**15人に1人は生涯のうち、一度は診断のつくレベルのうつ病を発症していると考えられるのです。**

15人に1人も！
私自身だって、いつうつ病になるかわかりませんね。
でも先生、糖尿病や脳出血とか、がんなどは命にかかわるし、五大疾病に入っているのはわかるんですけど、うつ病って命には直接かかわらないのに五大疾病に入っているんですね。

ところが、命にかかわるんです。WHO（世界保健機関）の自殺予防マニュアルによると、自殺者の90％は何らかの精神疾患をわずらっており、60％が自殺の際に「抑うつ状態」（気分が沈み、何をしても楽しくない状態）であったと推定しています。
このように、**うつ病は直接的ではないものの、命にかかわる病気であり、だからこそ社会に深刻な影響をあたえると考えられているのです。**

そういうことですか……。うつ病でみずからの命を絶ってしまう人のニュースはよく目にします。
先生、実は「気分が乗らない」とか「会社に行きたくない」とか、私もしょっちゅう感じているんです。
もしかするとこれは、うつ病の前兆ではありませんか？

1時間目 いろいろな心の健康問題

確かに，日々の生活の中で，楽しいことだけでなく，苦しいこと，困難なことにぶつかって，気分が落ち込むことは誰にでもありますよね。
しかし，気分の落ち込みが数日間といった比較的短期間で回復してしまうようであれば，診断のつくレベルのうつ病である心配はないでしょう。

そうなんですね！　考えてみれば，日曜日の夜なんか「あ〜！　明日から仕事か〜」って憂うつになるときがありますけど，普通に起きて会社に行っているなあ。じゃあ私はまだ大丈夫なのかも……。
先生，うつ病って，**仕事のストレス**などが原因で発症しているケースが多い印象があります。やっぱり社会人がかかりやすいんですか？

うつ病の発症のきっかけはさまざまですが，原因の第一にあげられるのが，おっしゃる通り，過度なストレスです。ですから，仕事で毎日強いストレスを受ける働き盛りの世代の発症は確かに多く，かつては「中年の病気」といわれていたこともあります。
しかし，仕事だけではなく，学校や家庭でもストレスを感じる場面はあるでしょう。また，**生活や環境の大きな変化**や，**人生の転機**にさしかかって大きなプレッシャーを感じることもあるでしょう。それらが引き金となってうつ病を発症することもあります。

確かに！　パンデミックの影響でうつ病の発症率が高まっていましたね。うつ病のきっかけって，日常の至るところにたくさんあるんですね。

その通りです。つまり、ライフステージにおけるさまざまな出来事が元来の素因や特性とあいまってうつ病発症のきっかけになりうるんですね。ですから、社会人だけでなく、子ども時代に発症する場合もありますし、女性のうつや老年期のうつなどもあります。

「まだ小学生だからうつ病ではないだろう」なんてことはないわけですね。

そうです。また、発症率の男女比では、女性が男性の約1.6倍と多く、妊娠、出産、育児、更年期といった変化とともに、ホルモンの分泌量の変化も関与していると考えられています。

ホルモンもですか……。妊娠・出産は体への負担がとてつもなく大きそうですもんね。本当に、うつ病って、どの世代でもかかるリスクがあるわけなんですね。

その通りです。人生のどこで大きな環境の変化がおきるかは予測できません。
次のページのイラストは、それぞれの人生のステージでかかりやすいうつ病の種類をえがいたものです。

39

働き盛りのうつ
リストラや就職・転職の失敗による環境の変化だけでなく、昇進という、一見ポジティブに思える環境の変化であっても、仕事内容や人間関係が変わることに適応できず、うつ病を発症するケースがある。

子どものうつ
いじめられたり、学校生活がうまくいかなかったりすることで、ひきこもりや不登校となるケースがある。また、過度な受験戦争による"燃え尽き症候群"からうつ病を発症することもある。

老年期のうつ
退職や配偶者の病気や死亡がきっかけでうつ病を発症することがある。また、子どもが自立することで生きがいを失ってしまうことが、うつ病発症の引き金となることもある。認知症や脳卒中も、うつ病の発症にかかわっていることが知られている。

女性のうつ
結婚や妊娠、出産であっても、家事や嫁・姑問題といった家庭内の持続的な葛藤がストレスとなってうつ病を発症することがある。
また、子育てに対して過度な責任を感じてしまうことで、うつ病を発症するケース（産後うつ）や、仕事も家事も完璧にこなそうとがんばりすぎてうつ病を発症してしまうケースもある。

うつ病ってどんな病気？

正直，うつ病というと何となく人ごとのように感じていたかもしれません。でも，誰しもが発症するリスクと隣り合わせにいるってことがよくわかりました。
ところで，うつ病って，具体的にはどのような症状が出る病気なんでしょう？

そうですね，それでは続いて，診断のつくレベルのうつ病にどのような特徴があるのかについて見ていきましょう。
うつ病は，気分が落ち込み，気力や集中力を失い，何もやる気がおきなくなることが主な症状です。抑うつ気分や意欲・関心の低下といった精神症状に加えて，倦怠感や疲労感，不眠，食欲不振，頭痛などの身体症状をともなうことが特徴です。
この**抑うつ**とは，気分の落ち込みなどの症状がとても強く長く続いてしまう状態のことをいいます。

気分だけでなく，体にも不調が出てくるのか……。

「何だか憂うつで，やる気が出ない」という日が数日続くことは，誰しも経験したことがあるはずです。
しかし，それからだんだん体を動かすことが億劫になり，不眠や気力減退，食欲不振など，さまざまな症状があらわれ，それが本人にとって強い苦痛となったり，社会生活を送る上で支障をきたして不調が重度になって，数週間続く場合，診断のつくレベルのうつ病の可能性を考える必要が出てきます。

> **ポイント！**
>
> うつ病
> 　元来の素因や特性に，環境の変化などのストレスが組み合わさり，気分が落ち込み，気力や集中力を失い，何もやる気がおきなくなる。
>
> 特徴的症状
> 　抑うつ気分や，意欲・関心の低下といった精神症状が2週間以上続き，不眠や睡眠過多，食欲の低下や過食，倦怠感，頭痛やめまいなどの身体症状があらわれる。

同僚も「朝起きられない」って言ってたんですよね……。気分の落ち込みがどのぐらい続いたら「うつ病かも」と考えてよいのでしょうか？

DSM-5※によると，うつ病の診断基準は，**「抑うつ気分や意欲・関心の低下が少なくとも2週間以上続いていること」**だとされています。
憂うつな気分が続いたり，これまで興味のあったことに対して興味や喜びを感じなくなるような不調になってしまって，それが2週間以上続くようならば，診断がつくレベルのうつ病に至っているかもしれない，と考えてよいでしょう。

※：DSM-5とDSM-5-TRでは，うつ病の定義は変わっていない。

2週間が一つの目安なんですね。
でも,落ち込みって個人差があるし,何かもっとはっきりした基準みたいなものはないんですか? 自分的にはかなり落ち込んでいるのに,他人からしたら「その程度で?」って思われるかもという心配もあります。

うつ病の診断補助ツールはいくつかあります。たとえば,「PHQ-9(Patient Health Questionnaire)日本語版(2018)」は,信頼性が高く評価されており,医療現場でも広く使われています。
PHQ-9は,DSM-5をもとに作成された診断補助ツールで,九つの質問(A〜I)それぞれに対し,この2週間でどの程度当てはまっているかを答えてもらい,その合計点からうつ病の症状レベルを評価するものです。
うつ病かもしれないと思う人は,一度自分でチェックしてみるのもよいでしょう。

自己診断できるわけですね!

ただし,チェックしてみるぶんには構いませんが,PHQ-9はうつ病かどうかを確実に診断できるものではありません。**PHQ-9あくまで診断補助ツールですので,実際の診断には,医師の総合的な判断が必須です。**
もし強い不安を抱えている場合は,2週間を待たなくてもよいですから,がまんせず,支援機関への相談や医師の診断を受けてください。

なるほど,素人が勝手に判断するのは危険ですね。

(A) 物事に対してほとんど興味がない、または楽しめない

(B) 気分が落ち込む、憂うつになる、または絶望的な気持ちになる

(C) 寝付きが悪い、途中で目がさめる、または逆に眠りすぎる

(D) 疲れた感じがする、または気力がない

(E) あまり食欲がない、または食べ過ぎる

(F) 自分はダメな人間だ、人生の敗北者だと気に病む、または自分自身あるいは家族に申し訳がないと感じる

(G) 新聞を読む、またはテレビを見ることなどに集中することが難しい

(H) 他人が気づくぐらいに動きや話し方が遅くなる、あるいは反対に、そわそわしたり、落ちつかず、ふだんよりも動き回ることがある

(I) 死んだ方がましだ、あるいは自分を何らかの方法で傷つけようと思ったことがある

うつ病の症状レベルの評価

合計点	0～4点	5～9点	10～14点	15～19点	20～27点
症状レベル	なし	軽度	中軽度	中軽度～重度	重度

「全くない＝0点」「数日＝1点」「週の半分以上＝2点」「ほとんど毎日＝3点」として総得点（0～27点）を算出する。

うつ病のとき，脳では何がおきている？

うつ病は，ストレスが大きな要因の一つだとお話ししました。なぜストレスがうつ病を引きおこすのか，その**メカニズム**について説明してみましょう。

なぜうつ病になるのか，とても気になります。

私たちの体には，さまざまな状況に応じて，体内の状態を安定に保つための「自律的な仕組み」（システム）が備わっています。これを**恒常性（ホメオスターシス）**といいます。

そうなんですか？　すごい！

恒常性は，主に**自律神経**と**ホルモン**によって意識しなくともコントロールされています。血圧や心拍，体温などは，意識しなくても常に一定の範囲内に維持されていますよね。これを制御しているのは脳内の自律神経中枢（視床下部など）です。
自律神経が即座に反応するのに対し，ホルモンは特定の器官から分泌され，血液に乗って体内をめぐり，目的の細胞にはたらきかけることで，恒常性を保つようにゆっくりとコントロールします。

ホルモンって，そうやって体の調節をしているんですね。

1時間目　いろいろな心の健康問題

この，ホルモンの量をコントロールする脳の領域の一つに**視床下部**があります。私たちがストレスを感じるとしますね。すると，視床下部から**副腎皮質刺激ホルモン放出ホルモン（CRH）**とよばれるホルモンが分泌されるのです。

しげきほるもんほうしゅつほるもん？

名前の通り，「副腎皮質を刺激するホルモンを放出させるホルモン」ですね。CRHは，視床下部の近くにある**下垂体**にはたらきかけ，副腎皮質刺激ホルモン（ACTH）を分泌させます。そしてACTHが血液に乗り，腎臓の上に位置する**副腎皮質**へと伝えられます。この刺激を受け取った副腎皮質は，**コルチゾール**とよばれるホルモンを分泌するんです。

こるちぞーる？

はい。コルチゾールは**ストレスホルモン**ともよばれていて，コルチゾールが全身を駆け巡ることで，血糖値や血圧が上がったり，免疫反応がしずめられたり，炎症が抑えられたりするのです。

血糖値や血圧が上がるのは，よくなさそうですが……。

実は，これらの反応は，体がストレスに立ち向かうために大切な変化なのです。なぜなら，たとえば血糖値が上がれば脳に届く栄養である糖分が増え，**情報処理能力**が上がります。

また，血圧が上がれば全身へ酸素を送りやすくなり，**運動能力**が上がります。さらに，炎症が抑えられると，体の痛みや辛さを感じにくくなります。

なるほど！ コルチゾールが分泌されることによって，ストレスに対して体が"**臨戦態勢**"をとれるようになるわけですね。

その通りです。また，コルチゾールは同時に，視床下部や下垂体にもはたらきかけ，CRHの分泌をおさえます。すると，コルチゾールの分泌が抑えられ，コルチゾールの量が減ることで，体はふたたび通常の状態に戻るというわけです。

な〜るほど！
体って，よくできてますねぇ。たいしたもんだなあ。

さて，今説明したのは，正常な状態の場合です。ところが，強いストレスが長期間続くと，常にコルチゾールが分泌され続ける状態になります。すると，**体は常に"臨戦態勢"となり，緊張状態が続くことになってしまいます。**

常に緊張状態だなんて，さすがにしんどいですね。

そうですよね。さらに最近の研究によると，**過剰なコルチゾールの分泌が続くと，脳の神経細胞が影響を受けることがわかっています。**神経細胞とは，細胞間で情報を伝達する役割を担う，重要な細胞です。

ストレスホルモン（コルチゾールなど）が全身に広がるしくみ

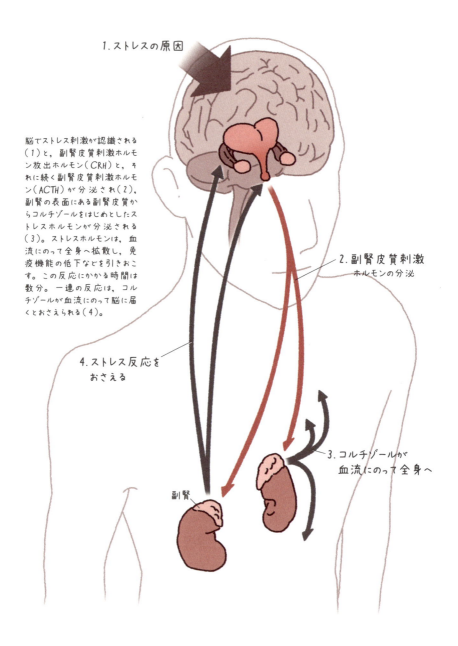

そして、脳の中でも特に、記憶をつかさどる**海馬**の神経細胞がダメージを受けることが明らかになっています。つまり、長期間ストレスが続くと、記憶をつかさどる脳神経回路がダメージを受けてしまう可能性があるのです。

脳神経回路がダメージを受ける!?

それだけではありません。脳には恐怖や不安といった感情を感知する**扁桃体**という部分があります。ストレスは、この扁桃体のはたらきを高めることもわかっています。ですから、**常に緊張状態が続くと、扁桃体が異常に活発になり、そのため、怒りや悲しみ、不安、不甲斐なさといったネガティブな感情を頻繁に強く持つようになってしまうと考えられているのです。このネガティブな感情が先の記憶の神経回路と組み合わさってしまうわけです。**

負のスパイラルにおちいってしまうのですね……。

うつ病のサインを感じたら

先生，もしまわりに「この人，うつ病ではないかな」とか，すでにうつ病になってしまった人がいたら，私たちはどう接すればよいでしょうか。また，うつ病を察知できる方法があるのなら，ぜひ知りたいです。

そうですね，うつ病になると，意欲が低下して気分が落ち込み，不眠もしくは過眠，食欲不振もしくは過食におち入ることが多いです。ですから，うつ病かもしれないと早期に察知するチェックポイントの一つに**食欲と睡眠**の変化があります。

いつもと比べて食欲がなさそうで，食事の量が減っているなと感じたら，注意が必要です。また，一緒に生活している場合，朝早く目が覚めてしまっている場合も要注意です。

それから、うつ病は、倦怠感によって何をするのもめんどうになったり、集中できなくなったりしてしまいます。そのため、**症状であることを認識していない周囲の人から見ると「怠けている」などと誤解されてしまうことがあります。**

怠けているわけじゃないのに。つらいですね。

そうなんです。本人は**「がんばろうと思っても動けない状態」におちいっているため、こういった周囲の誤解は、「がんばれない自分はダメな人間だ」などという自責の念を本人にあたえ、うつ病をより重症化させることにもなりかねません。**

うつ病に対して、「気のもちようでどうにかなるんじゃないのか」という先入観を捨てないといけないですね。

その通りです。**うつ病は早期発見・早期治療が重要で、治療が遅れるほど症状が長引いてしまいます。まずは、食欲や睡眠といったささいな変化になるべく早く気が付くことが大切です。**
とはいえ、不眠や倦怠感といった身体症状の原因がうつ病であると気づかない場合も多くあります。身体症状、気分の落ち込み、あせりや不安などが一定期間続く場合は、やはり、**自分で何とかしようとしないで、まずは支援機関や専門医を頼ることが大切です。**
身近な人や家族が最近元気がないなと感じたら、その人の話をよく聞いてあげて、受診をやさしくすすめてみましょう。

そうですね。自分がそういう状態になったら、ごく自然に「病院に行く」という選択肢を示してもらえたらありがたいかもしれないです。

うつ病は、その人が悩みを一人で抱え込んでいないか、周囲の人が気にかけることも重要です。
次の表は、うつ病の発症を察知するサインをまとめたものです。**このようなサインが一定期間つづく場合、できるだけ早期治療につなげることが大事です。**

> **ポイント！**
>
> ## うつ病のサイン
>
> 生活習慣
> - 表情が暗い，元気がない，顔色が悪い。
> - 口数が減る，ため息が増える。
> - 服装や身だしなみといった外見を気にしなくなる。
> - 食欲が減る一方，飲酒の量が増える。
> - 「自分はだめな人間だ」など否定的な発言が増える。
> - 以前は読んでいた朝刊を読まなくなるなど、毎日の生活パターンがくずれている。
>
> 仕事
> - 体力，判断力，効率が落ち，残業ややり残しが増える。
> - 遅刻や欠勤，午前休みが増える。
> - 周囲に援助を求めず，仕事を一人で抱えこんでいるように見える。

それから先生，うつ病の人に「がんばれ！」と言ってはいけないと聞いたことがあります。それはやはりよくないのでしょうか？

確かに，「うつ病の人にがんばれは禁句」といわれていますね。でも，必ずしもそういうわけでもないんですよ。**同じがんばれでも，その人の状態を理解したうえで発する「一緒にがんばろう」というのと，何も知らず無責任に発する「がんばれ」とはちがいますよね。**

無責任な「がんばれ」……。

がんばろうと思っても動けないところに，ただ漠然と「がんばれ！」といわれたら，どうがんばればよいかがわからず困惑し，よけいに不満がたまりませんか？

確かに，そうですね。

うつ病の人に対しては，まず，本人の感情や考えに**共感**することが大事です。それから「問題を解決するにはどうすればよいか」を一緒に話し合います。その上で発する「少しずつでも一緒にがんばろう」は適切なはげましになるでしょうね。

なるほど……。

また，その人の話をよく聞き，専門医の受診をすすめてあげることもよい場合もあるとお話ししました。このとき注意すべき点があります。

まず、自分たちには対応できないような人になってしまったというように、**腫れ物をさわるような扱いをしないことです。できるだけ一緒に取り組もうという姿勢を見せてあげてほしいと思います。** そうしないと、本人はさらに気が滅入ってしまいます。

「一緒に取り組もう」という姿勢が大事なんですね。

それからもう一つ、重要なポイントがあります。健康を取り戻すには、生命が維持されていることが前提です。うつ病で何よりも避けなければならないことが、自殺です。そして、自殺を予防する原則としてTALKがあります。

トーク？

これは、「Tell（伝える：あなたのことをとても心配しており、自殺してほしくない、とはっきり伝える）」、「Ask（尋ねる：自殺したい気持ちがあるか直接尋ねる）」、「Listen（聞く：絶望的な気持ちに耳を傾ける）」、「Keepsafe（安全確保：危ないと感じたら一人にしない）」の頭文字を取ったものです。

この原則は、うつ病に限らず、自殺を考えている人を助ける上でも重要なことですね。

自殺によって大切な人を失わないよう、うつ病のサインがあらわれたら、まずは支援機関や専門医に相談しましょう。

うつ病の治療には、抗うつ薬の服用などの**薬物療法**だけでなく、**認知行動療法**などの心理的アプローチも含めて、効果的な方法があります。うつ病の治療については、4時間目でくわしく解説します。

ポイント！

自殺を予防する原則 TALK

Tell（伝える）
あなたのことをとても心配しており、自殺してほしくない、とはっきり伝える。

Ask（尋ねる）
自殺したいと思う気持ちがあるか直接尋ねる。

Listen（聞く）
絶望的な気持ちに耳を傾ける。

Keepsafe（安全確保）
危ないと感じたら一人にしない。

躁状態とうつ状態をくりかえす「双極症(双極性障害)」

うつ病とよく似た病気に，**双極症(双極性障害)**があります。昔は**躁うつ病**ともいわれていて，うつ病の一種と思われがちですが，実はそうではありません。
うつ状態がずっと続くうつ病に対して，**双極症は，うつ状態と躁状態が交互にくりかえされる気分症(気分障害)の一つです。**

躁状態というのは，抑うつ状態とは逆ということですよね。明るい性格になる感じなんですか？

躁状態とは，気分が激しく昂揚し，万能感に満たされて活動が活発になる状態が一定期間続くことをいいます。
躁状態が進み，気分が大きくなることで注意力が散漫になったり，多弁になったり，睡眠をとらずに活動を続けたりすることもあります。
また，性格が開放的になる一方，イライラしたり怒りっぽくなることもあり，日常生活に支障をきたすことがあります。

56

素人考えで，落ち込むよりはいいのかもなどと思っていましたが，日常生活に支障が出るほどの激しい高揚なんて，つらいですね。

そうです。双極症には，主に I型 と II型 の二つのタイプがあります。
まず「I型」では，躁状態が1週間以上，うつ状態は2週間以上続くとされています。
そして，最初にあらわれた躁やうつの症状がおさまってから5年程度を経て，症状が落ち着いている期間（寛解期）をむかえ，その後，ふたたび症状があらわれることもあります（再発）。

5年後ですって!?　スパンが長いですね。

そうなんです。そして何度も再発をくりかえすうちに，寛解期がどんどん短くなっていき，場合によっては症状の起伏が大きくなっていきます。
そして最後には，1年間に4回以上も躁状態とうつ状態をくりかえす急速交代型（ラピッドサイクラー）の状態になってしまうこともあります。
一方，「II型」では，躁状態よりも気分の上昇が軽くて短い軽躁の状態が4日以上続きます。I型にくらべてうつ状態が長いということもありますが，再発とともに寛解期が短くなっていくことは共通しています。
次のページのイラストは，双極症が悪化していく様子をあらわしたものです。

> **ポイント！**
>
> **双極症（双極性障害）**
> 躁状態とうつ状態が，数年の間隔をおいてくりかえされる病気。
>
> **Ⅰ型（双極症Ⅰ型）**
> ……躁状態とうつ状態がくりかえされる。
> **Ⅱ型（双極症Ⅱ型）**
> ……軽躁状態とうつ状態がくりかえされる。

双極性障害が悪化していく様子

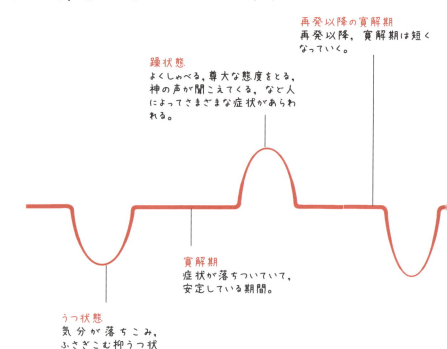

躁状態
よくしゃべる，尊大な態度をとる，神の声が聞こえてくる，など人によってさまざまな症状があらわれる。

再発以降の寛解期
再発以降，寛解期は短くなっていく。

寛解期
症状が落ちついていて，安定している期間。

うつ状態
気分が落ちこみ，ふさぎこむ抑うつ状態になる。

先生,双極症って,診断がむずかしくありませんか？もしうつ状態のときに受診したら,「うつ病」と診断されてしまいそうです。

まさにその通りです。双極症を短期間で確定診断するのは,専門医にとってもむずかしいと考えられていて,最初のうつ状態の時はうつ病と誤診される場合が多いのです。特にⅡ型で軽躁状態のとき,「うつ状態が改善して,気分がよくなっている」と誤解されてしまいがちです。

1時間目　いろいろな心の健康問題

急速交代型（ラピッドサイクラー）
再発のたびに寛解期が短くなり,ついには,1年に4回以上も躁状態とうつ状態をくりかえしてしまうこともある。

発症しているのに，よくなっていると思われてしまったら大変ではないですか？

そうなんです。双極症の場合，うつ病の治療をしてもなかなか治らず，長い年月を経てやっと双極症と診断されるケースが多くあります。また，双極症と確定診断されるまでには，平均で7年かかるという報告もされているのです。

7年もですか!?

はい。治療に際しても注意が必要です。双極症の治療には主に**気分安定薬**や**抗精神病薬**が用いられます。しかし，うつ病に使用される**抗うつ薬**を使用してしまうと，逆に再発の可能性が高くなったり，症状が悪化したりしてしまう場合があるのです。

むずかしいですね。

もちろん双極症も早期発見が重要です。**うつ病と診断されている方でも，「よくしゃべる」「尊大な態度をとる」など，躁状態の症状が見られる場合には，双極症の可能性を疑い，医師に相談することで，適切な治療が進められるようになります。**

1 時間目

いろいろな心の健康問題

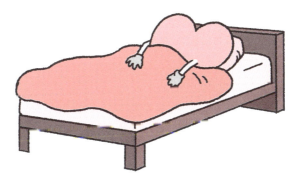

STEP 3 身近な心の健康問題や精神疾患

「うつ病」や「双極症」のほかにも,メンタルヘルス不調や精神疾患にはいろいろなものがあります。その中から,比較的身近な疾患について,くわしく見ていきましょう。

100人に1人が発症する「統合失調症」

STEP2で,精神疾患の中で最も多いうつ病と,うつ病とまちがわれやすい双極症(双極性障害)についてお話ししました。STEP3では,このほかの,比較的患者数が多い精神疾患についてご紹介していきましょう。

お願いします。

まずご紹介するのは,**統合失調症**です。**統合失調症は,幻覚や妄想のほか,思考や行動にまとまりがなくなってしまったり,意欲が欠如するといった症状が特徴の精神疾患です。**民族や性別に関係なく,世界中のどの地域でも,およそ**100人に1人**の割合で発症するとされています。

100人に1人ですか。意外と多いんですね。

そうですね。精神疾患の中でも,比較的身近な疾患の一つだといえるでしょう。

10代，20代での発症が最も多く，思春期から成人早期にかけて受けたストレスと元来の素因・特性と組み合わさって発症のきっかけとなることが多いと考えられています。

> **ポイント！**
>
> 統合失調症
> 　幻覚や妄想，思考や行動の異常や，意欲の欠如といった症状が特徴の精神疾患。
> 10代，20代での発症が最も多く，思春期から成人早期に受けたストレスと元来の素因・特性との相互作用で発症に至ることが多い。

統合失調症も，ストレスが引き金になることもあるんですね。うつ病のように，発症の前には予兆のようなものはあるのでしょうか。

統合失調症の病状の経過は，主に**四つのステージ**に分ける考え方があります。
まずステージの一つ目は，本格的な発症の前に軽い症状があらわれる**前兆期**です。
眠れなくなったり，イライラしたり，物音や光に敏感になったりします。のちに重症化する幻覚や妄想があらわれる場合もあります。この前兆期は，**平均5年間**ほどだといわれています。

5年もですか……。不快な時期がそんなに長く続くなんて，かなりつらいですね。

そうです。近年ではこの時期を，**「将来，統合失調症になるかはわからないが，何らかの精神疾患の発症のリスクが高い状態」**として，ARMS（at risk mental state）とよぶこともあります。
この時期の早期診断が，発症の予防や後の治療に効果的だと考えられています。

ポイント！

統合失調症は四つのステージに分けられる。

ステージ1：前兆期

発症の前の軽い症状があらわれる。

眠れなくなったり，イライラしたり，物音や光に敏感になったりする。幻覚や妄想があらわれる場合もある。平均5年間ほど続く。ARMS（何らかの精神障害の発症のリスクが高い状態）とよばれることもあり，この時期に治療をはじめると効果が得やすい。

この前兆期が、予兆のようなものなんですね。

そうですね。そして、前兆期から進むと、統合失調症を初回発症したことになり、二つ目のステージ**急性期**となります。
急性期では、脳の活動が過剰になり、「自分の悪口が聞こえる」といった幻聴（幻覚）や「だれかに見張られている」といった妄想のほか、「独り言が増える」「脈絡のない会話をする」といった思考の混乱などの症状があらわれます。これらの症状を**陽性症状**といいます。急性期は数週間から数か月間続きます。

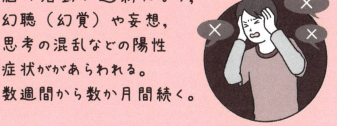

それらの症状が出てきたら、発症したということなんですね。

一般的には，そう考えられます。急性期からさらに進むと，三つ目のステージ休息期に移ります。休息期は"消耗期"ともいい，一転して脳の活動が低下し，「喜怒哀楽がとぼしくなる」「無気力になる」「身だしなみが乱れる」など，抑うつ症状があらわれます。これらの症状は陰性症状といいます。

さらに，急性期には目立たなかった「記憶力や知能の低下」といった認知機能障害が表に出てくるようになります。休息期は数か月から数年続きますが，ちょっとしたストレスを受けて，急性期に戻ってしまう場合もあります。

ステージ3：休息期（消耗期）

陰性症状があらわれる。

脳の活動が低下し，「喜怒哀楽がとぼしくなる」「無気力になる」「身だしなみが乱れる」などの抑うつ症状のほか，記憶力や作業能力の低下といった認知機能障害があらわれる。数か月から数年続く。

急性期とは逆の症状なのですね。

そうですね。休息期に生活のリズムを取り戻し，薬の服用を続けることで，サポートを受けた脳の活動がうまく通常に戻っていけば，四つ目のステージ**回復期**をむかえます。
回復期に入ると，だんだんと意欲や周囲への関心が戻り，気持ちにゆとりが出てきます。この時期から，社会復帰に向けて対人関係の訓練や運動といった**リハビリテーション**をはじめ，発症前と同じような生活をめざしていきます。

しかし，統合失調症は再発の可能性が高いと言われており，回復期でも薬を飲み続けて，脳の活動を安定化させておくことが勧められています。社会復帰するまでの療養生活は**10年以上**におよぶこともあります。

ステージ4：回復期

脳の活動が通常に戻る。
周囲への関心が戻り，気持ちにゆとりが出てくる。この時期からリハビリテーションをはじめる。再発の可能性が高いため，薬の服用は続ける。

統合失調症は，時間はかかるけれど，治る病気なんですね。

もちろん,そうですよ。よいお薬も出ていますからね。**統合失調症はかつて「精神分裂症」などとよばれて,非常に治りにくい病気だとされていました。しかし,研究も進み,20世紀半ばに治療薬も登場して,回復の可能性は劇的に上がったんです。**適切な治療をおこなえば,回復へと向かっていくことができます。
しかし,治療がおこなわれないと,症状の慢性化や再発をおこしてしまうことが多いと言われているのです。

やはり早めの治療が大切なんですね。治療薬ということですが,統合失調症は薬物治療が中心なんですか?

薬物療法もとても大切ですが,それだけではなく,**心理的な支援**の両方を並行しておこないます。

心理的な支援……?

はい。統合失調症は,その代表的な症状が妄想であることから,**疑いの病気**とよばれることがあります。
たとえば「まわりの人はみんなスパイである」と疑い,そこから「自分の思考をのぞいている」という妄想に発展していってしまうんですね。

なるほど。だから「疑いの病気」なんですね。

そうです。ですから,このような場合,なぜまわりを疑うようになったのか,その要因を分析した上で,その疑いが合理的ではないことを示し,疑いがはれるように,本人の心理に少しずつはたらきかけていくんですね。

このような心理的なアプローチを心理的支援というんです。

少しずつ段階をふんでいくんですね。

そうです。心理的なアプローチにもいろいろありますが，たとえば，**認知行動療法**などによって，本人の極端な思考のパターンを少しずつ自身で修正していけるようにするんですね（266ページを参照）。

統合失調症にも，認知行動療法が有効なんですね。

はい。また，治療には**家族の協力**も大切です。患者さん本人だけでなく，家族の方への心理教育的なアプローチもおこなわれます。

確かに，家族の接し方や理解も重要そうですね。

最近では，四つのステージがはっきりと分かれていない場合もあることが知られています。その要因に，社会環境によるストレスの質が変化したことや，メンタルクリニックなどの診療所が身近になり，軽微な症状の頃から早期に薬物療法を開始するケースが増えていることなどがあげられます。

社会環境の変化とともに，病状も変わっていくんですね。

とにかく、**統合失調症もまた、早期発見が重要ですので、なるべく前兆期の段階で受診をすることが望ましいです。** そうすれば、発症を予防したり、症状を軽くすることが可能です。しかし、統合失調症は、本人が症状を自覚できないことが多い病気です。周囲の人が、様子がおかしいなと感じたら、心配していることを本人に伝えて、受診へとやさしく誘導してあげることが理想的です。

統合失調症に寄り添う「家族SST」

先ほど、統合失調症の治療には、家族の協力も必要であるとお話ししました。統合失調症の治療薬や治療方法については4時間目でくわしくお話しするとして、ここでは、家族の協力の仕方について、お話ししましょう。

「患者さんだけでなく、家族の方への心理教育的なアプローチもおこなわれる」ということでしたよね。統合失調症は、まわりの人の理解や接し方が重要そうですね。

その通りです。**統合失調症の治療では、本人に対する家族の接し方も回復の状況を左右することがわかっているのです。**
そのためにおこなわれているのが、患者への寄りそい方を家族が練習する家族SSTです。

家族エスエスティー、ですか？ はじめて聞きました。

SSTとは，**Social Skills Training**の頭文字で，「社会生活技能訓練」と訳されます。日常生活の中でおきやすい場面を想定し，場面ごとのコミュニケーションを練習するプログラムのことで，機関によっては，「社会生活スキルトレーニング」や，単に「エスエスティー」といわれることもあります。

なるほど，「こういう場合はこうする」みたいな，シミュレーションのようなものですか。

そうですね。統合失調症の患者をもつ家族に対して，1. 病気を正しく理解する。2.「自分の育て方が悪かったのでは」といった自責の念や統合失調症への偏見をなくす。3. 統合失調症の人への対応能力を向上させる。といった主に三つの内容を実践方式で学ぶプログラムが組まれていることが多く，医療機関や各地域の保健福祉施設，家族会などで受講することができます。

> **ポイント！**
>
> **家族SST（Social Skills Training： 社会生活技能訓練）**
> 1. 病気を正しく理解する。
> 2.「育て方が悪かったのでは」といった自責の念や統合失調症への偏見をなくす。
> 3. 統合失調症の人への対応能力を向上させる。

※参考：『本人・家族に優しい統合失調症のお話』

どれも重要なことですね。医師に任せるんじゃなくて，家族も一緒に治療に取り組んでいく感じですね。
患者さんも，家族の理解があれば安心できるし，家族も一緒に闘ってくれていると感じられたら心強いし，がんばれそうな気がします。

対人関係に支障も「パーソナリティ症」

先生，最近，パーソナリティ症（障害）という言葉をよく聞きます。これも精神疾患の一種なんですか？

そうです。そもそも人というのは，同じ状況に置かれても，そのときにどのように考え，どんな行動をとるのかは人それぞれですよね。

そうですね。

しかし，そうはいっても，それぞれの考えや行動が，文化や社会の平均から大きくずれて極端になっている場合があります。**そうした認知や行動のずれによって，本人や周囲の人がかなりの苦痛を感じたり，生活に支障をきたしてしまっているような場合，パーソナリティ症（障害）と診断されることがあります。**

具体的にはどのような状態をいうのでしょう？

まず、パーソナリティ症は、大きくA群、B群、C群の3群に分けられます。

A群は「奇妙で風変わり」、B群は「演技的・感情的で移り気」、C群は「不安で内向的」という特徴があります。そして、さらにそれぞれの群ごとに3～4つの型に分類されていて、全部で **10分類** となっています（76〜77ページのイラスト）。

考え方や行動のタイプで分かれるんですね。

そうです。
A群は、猜疑性（妄想性）パーソナリティ症（障害）、シゾイド（スキゾイド）パーソナリティ症（障害）、統合失調型（失調型）パーソナリティ症（障害）があります。たとえば、たまたま訪ねてきたセールスマンに対して、極端な不信感を抱き、怒りをあらわにしてしまう、あるいは他人に対してほとんど関心を示さない、といったようなことがあります。

確かに……、急に怒りをあらわにされたら、びっくりしてしまいますね。

そうですね。**B群は反社会性パーソナリティ症（障害）、境界性パーソナリティ症（障害）、演技性パーソナリティ症（障害）、自己愛性パーソナリティ症（障害）**の四つがあります。B群は、社会規範や他人の感情を軽視し、他人を害する行為を冷酷におこなってしまうとか、自分についての話題をそらされると急に不機嫌になるなど、**極端な行動や思考**が見られます。

他人を害するというのは、ちょっと心配ですね。

それから**C群は、回避性パーソナリティ症（障害），依存性パーソナリティ症（障害），強迫性パーソナリティ症（障害）**の三つがあります。
C群は、失敗したらどうしようと考えすぎて引きこもってしまったり、誰かの意見を聞かないと物事を決められないなど、**内向的な症状**が多く見られます。

タイプがぜんぜんちがいますね。

そうですね。しかし、**分類ごとに症状はさまざまですが、両極端な考え方をすることや，過度な自己愛と劣等感が共存していることなどは，共通しているといえます。**

自己愛と劣等感って正反対の感情のようにも感じますけど、表裏一体でもあるんですかね……。
でも先生、これらのタイプって、単に「そんな性格」であって、精神疾患といえるんでしょうか？

確かに、パーソナリティ症は、一部生まれもった特性もあります。しかしそれに加えて、**成長の過程での後天的な経験が組み合わさり、さらに考え方や行動がかたよってしまい、発症すると考えられる精神疾患なのです。**

もともと誰にでもある性格のちょっとした歪みが、経験によって増幅されるってことですか。

> **ポイント！**
>
> ### パーソナリティ症（障害）
>
> 認知や行動のずれによって，本人や他人が苦痛を感じたり，生活に支障をきたしてしまう。もともともっている特性が，後天的な経験が組み合わさり，かたよってしまうことで発症する。
>
>

そうですね。「パーソナリティ」と聞くと，それは生まれもったものであり，修正できないように思えるかもしれません。でも，**パーソナリティ症も，治療によって症状の改善が期待できるんですよ。**

確かに，性格は簡単には変えられないかもしれないけれど，歪んでしまった部分を治すことはできそうな気がします。

そうですよ。**ここでいう「パーソナリティ」とは，治療可能であるという点で，私たちがふだん使う「性格」や「個性」とは意味がことなるということを，まずは覚えておいてください。**

パーソナリティ症の分類

A群　奇妙で風変わり

猜疑性（妄想性）パーソナリティ症
他人を根拠もなく疑い、はげしい不信感から対人関係に支障をきたす。他人の裏切りの証拠をさがすような行動をとることもある。
例：訪ねてきたセールスマンに対して不信感と怒りを強くあらわにする。

シゾイド（スキゾイド）パーソナリティ症
喜怒哀楽の起伏がとぼしく、他者への関心が非常に薄い傾向がある。周囲からの賞賛や批評にも無頓着で、つねに孤独を選ぶ。
例：同僚とほとんどコミュニケーションをとらない。

B群　演技的・感情的で移り気

反社会性パーソナリティ症
社会規範や他人の感情を軽視し、他人を害する行為を冷酷におこなう。行動は衝動的でずる賢く、目先の利益のために恩人でも裏切る。
例：反社会的な行動で、トラブルや警察沙汰が絶えない。

演技性パーソナリティ症
他人からの関心を過剰に求め、演技的な行動や性的魅惑を強調した行動をとる。求める反応が得られないと、不機嫌になる。
例：診察中の医師に対してわざとらしく誘惑するような行動をとる。

B群

境界性パーソナリティ症
気分の変動がはげしく、短期間で態度が大きく変わる。感情や思考の制御がうまくできず、衝動的な自己破壊などをともなう。
例：担当医が、別の患者の相談を受けているのを見ていやな気持ちになり、リストカットをしてしまう。

自己愛性パーソナリティ症
自分は特別な存在だ（特別な存在でなければならない）という自己意識をもつ。他者に賞賛を求める一方で、共感能力には欠けている。
例：自慢話に感心してくれる人には上機嫌であるものの、話をそらされると急に白けてしまう。

C群　不安で内向的

回避性パーソナリティ症
何かに失敗したり否定的な評価を受けたりして傷つくことをおそれて、社会的な交流や重要な選択を回避するように行動する。
例：「もし失敗したらどうしよう」と考えすぎて引きこもってしまう。

依存性パーソナリティ症
自分一人では何もできないという無力感をもっている。だれかに面倒をみてもらいたいという欲求から、他者に過剰に依存する。
例：洋服選びも母親の意見を聞いてからでないと決められない。

1時間目　いろいろな心の健康問題

77

過剰な不安が発作を引きおこす「不安症」

電車に乗ると，急激な**不安**に襲われ，**発汗**や**動悸**，**過呼吸**をおこしてしまったり，あるいは人前に立つことが苦手で，緊張のあまり**パニック**におちいってしまう人がいます。

私も人前に立つのは苦手ですが，緊張のあまりパニックになるまではならないし，電車に乗るだけで過呼吸になるなんて……。日常によくあることに対してそんなふうになってしまうなんて，つらいですね。

そうですよね。これらは**不安症（不安障害）**といい，**「またあの状況におちいったらどうしよう」という過剰な将来への不安によって，はげしい身体反応が引きおこされてしまうのです。それが生活に支障をきたすようだと，精神疾患として診断がつきます。**
本来，不安というのは，おこるかもしれない脅威に対する体の防御反応を示す，事前のストレス状態であって，必ずしも悪いものではありません。
そのことで事前に適切な準備をしておくこともできますね。ところが不安症は，必要以上に大きな不安を感じてしまい，その結果としてはげしい身体反応を引きおこしてしまうのです。

なるほど……。

不安の対象は，たとえば，「閉所」に不安を感じる人もいれば，「人ごみ」とか「身動きのとれない状況」など，人によってさまざまです。また，不安症の中で，ある特定のものに異常な恐怖を感じて近寄ることすらできなくなる場合は**恐怖症**といいます。

ポイント！

不安症（不安障害）
過剰な不安によって，はげしい身体反応が引きおこされてしまう。それが生活に支障をきたすようだと精神疾患として診断がつく。

恐怖症
不安症の一つ。ある特定のものに異常な恐怖を感じて近寄ることすらできなくなる疾患。

不安症の対象の例

電車

閉所

人ごみ

人前

歯医者などの身動きのとれない状況

閉所恐怖症とか高所恐怖症とか,よく聞きます。不安症の一つなんですね。

ほかにも,たとえば**広場恐怖症**は,すぐに逃げだしたり助けを求めたりすることができない人ごみや,エレベーター,乗り物,広場などに不合理な恐れをいだき,避けるようになります。

いろいろありますね。

そのほか,他人から注目されたり評価されたり,人前で恥をかいたりすることを極端に不安に思ってしまう**社交不安症**もあります。

また,極度の不安から息苦しさに襲われ,「このまま死んでしまうのではないか」と思うほどの強烈なパニックを経験したり,失神してしまうことがあります。

これが**パニック発作**です。だいたいの場合,パニック発作は20〜30分でおさまりますが,発作が特段の理由もなく,突然かつ,くりかえしおきると,また同じような発作がおきるのではないかという不安(予期不安)を感じるようになります。**発作自体が不安の対象となり,外出できないなど,日常生活に支障をおよぼすようになります。**これが**パニック症**です。

失神するほどの不安だなんて。本人にとっては本当におそろしいことでしょうね。

また、不安の対象が特定できない場合もあります。これは、**全般不安症**といいます。

不安症も、症状が慢性化し、日常生活に支障をきたしてしまうこともあるため、早めの対応が大切です。

不安症の種類

社交不安症	社会的状況、またはそこで行為をすることに対する顕著で持続的な不安、または不安症状を呈することへの顕著な恐怖が主症状。おそれや回避によって通常の生活、職業機能、社会機能、社会活動、社会的関係の支障が生じています。
広場恐怖症	逃げることが困難であるかもしれない、または助けが得られない場所にいることについての恐怖や不安。典型的な状況として、家の外に一人でいること、混雑の中にいること、または列に並んでいること、橋の上にいること、バス、電車、または自動車で移動していることなどがある。
特定の恐怖症	高所や閉所、動物など特定の対象に対する顕著で持続的な恐怖、または恐怖症状を呈することへの顕著な恐怖や不安が主症状。通常回避をともない、日常生活、職業機能、社会機能、社会活動、社会的関係の支障が生じる。
全般不安症	多数の出来事、または活動に対する過剰な不安と心配が、少なくとも6か月間持続し、一般身体疾患や物質によって生じたものでない著明な苦痛や障害を引きおこしているときに診断される不安症。

不安症を治療する方法はあるんでしょうか？

日常生活の多くの場面で支障をおよぼすほど症状がひどくなってしまった場合には，薬物療法を用います。ほかにも，心理的アプローチも十分な効果があります。私は，患者の不安に対する対処法を明らかにしたうえで，実際の生活のリズムを取り戻していく「認知行動療法」も有効な治療法として用いています（4時間目参照）。

過剰な不安に対する過剰な防衛「強迫症」

「不安」という感情の問題だけでなく，柔軟性の低い思考の問題がかかわる精神疾患として**強迫症（強迫性障害）**があります。
強迫症は「これをしないと不安だ」という「強迫観念」にかられ，自分でもおかしいとわかっていたとしても，特定の行動をくりえしてしまう症状が中心です。

どんな行動をくりかえしてしまうんでしょうか？

たとえば，何かに触れるたびに「汚染された手を洗わなければいけない」という強迫観念にかられ，何度も手を洗ってしまうといった**潔癖症（または洗浄強迫）**や，家の鍵をかけたかを何度も確認しないと気がすまない**確認強迫**などがあります。

82

私も，ガスコンロの火を止めてないかも！　と思って引き返したことがあります。

また，「他人に迷惑をかけるのではないか」という思いが頭からはなれず，問題がないことを何度も確認するといった症状もよくみられます。
たとえば，「出かけようとするが，ガスの元栓を閉め忘れて火事になるのではないかと考え，いくら確認しても心配が消えない」といったケースです。

迷惑をかけるのが心配だなんて……。私なんて迷惑かけっぱなしですよ。

また，「ものごとの手順や正確さ」「4や9といった特定の数字」「上下左右などの対称性」への過度なこだわりなどがみられることもあります。

本当に，あらゆる物事が強迫観念の対象になりうるんですね……。強迫症の人は，その特定の行動をやめることはできないんですか？

強迫症では，患者自身がみずからの考えや行動を「無意味」「やりすぎ」と認識しているにもかかわらず，それをやめられないことが多いようです。当事者はたいてい，その行為が抑えられると，強い不安を生じます。
また，家族をはじめ，周囲の人を巻き込み，自身と同じようにすることを強いる場合もあるのです。

> **ポイント！**
>
> ## 強迫症
>
> 「これをしないと不安だ」という「強迫観念」にかられ、自分でもおかしいとわかっていたとしても、特定の行動をくりえしてしまう。
>
> 強迫症の対象の例
>
>
> 手洗い
>
>
> 左右対称性
>
>
> 物をためこむ
>
>
> 手順や正確性
>
>
> 他人に迷惑をかけていないかと不安になり、確認する
>
>
> 特定の数字へのこだわり

強迫観念の分類

攻撃	道を歩いていて、すれちがった人を傷つけていないか、自分のせいで火事がおこったのではないか、友人を刺すのではないか、車を運転して人をはねるのではないか、床が抜けて転落するのではないか、といった心配が常に頭にある。
不潔	他人がさわったものにはバイキンがついている、バイキンが感染する、他人のあとにトイレに入ったら便座から性病がうつる、AIDSになる、といった心配が常に頭にある。また、ホコリやよごれが気になり、不潔感を強く感じる。
対称性	本棚の本が整然と並んでいない、タンスの衣類が整列して収納されていない、机の上の文房具が整列して置かれていない、といったことを常に気にする。また、衣服を着るときにも決まった順番がある。
性的	自分が同性愛者ではないか、兄弟が同性愛者ではないか、ペットと性交をするのではないか、といった心配が常に頭にある。異性を見ると裸の想像が頭からはなれないといった症状もある。
ため込み	ひもやレジ袋などを集める、ものを捨てられない、といった症状がみられる。
身体	鼻が低い、目が細い、足が太い、腕が太い、胸が小さい、といった心配が常に頭にある。
宗教	罪深いおこないをしてしまった、自分は罰を受けなければならない、天国・極楽には行けない、地獄しかない、神に見放された、といった心配が常に頭にある。

1時間目　いろいろな心の健康問題

強迫症は,原因はわかっているのでしょうか? また,何か克服する方法は確立されているんでしょうか。

残念ながら,まだはっきりとした原因は特定されていませんが,うつ病の治療に用いられる,神経伝達物質セロトニンのはたらきを改善する**選択的セロトニン再取り込み阻害薬(SSRI)**が有効なことから,セロトニンが関与している説があります。

治療法としては,薬物療法や,認知行動療法が効果的です。また,不安症や強迫症の人は,行為を強制的にやめさせるとかえって強い不安に襲われるので,不安や恐怖を取り除く方法は有効ではない場合もあります。

そうした場合に使われている療法の一つが**森田療法**です。

森田療法?

はい。不安症や強迫症の人は,自分に生じている不安や恐怖に注意や関心が向いてしまいがちです。そこで,不安や恐怖の感情を置いておき,これらの症状のためにできなかった日常の作業や行動を,無理のない範囲から取り組んでもらうんですね。こうすることで,不安や恐怖に向けていた注意や関心を外に向けてもらうようにする,という療法なのです

なるほど,注意を別の方向にそらすんですね。

そうです。不安や恐怖を取り除こうとすると,そこに注意が向いてしまい,かえって逆効果になってしまうんです。森田療法についても,4時間目でご紹介しますね。

逆境体験が引きおこす心的外傷後ストレス障害(PTSD)

不安のほか、出来事を体験することによる強いストレスに関連した精神疾患もあります。**急性ストレス障害**および**心的外傷後ストレス障害(PTSD)**です。
大きな災害や悲惨な事故や事件のあと、被災者や被害者が急性ストレス障害やPTSDに苦しんでいるといった報道を目にしたことはないでしょうか。

確かに、よく聞きますね。

これらは、戦争や大災害などを体験したり、事故や犯罪に巻き込まれるなどして受けた**心的外傷(トラウマ)**がきっかけで発症すると考えられています。

病名はよく耳にするのですが、実際どのような病気なのかはちゃんと理解していないですね。どのような症状なのでしょうか？

まず、**急性ストレス障害は、心的外傷(トラウマ)になりうる出来事の体験後に3日〜1か月の間続き、その間に回復することが想定されています。**
フラッシュバックや悪夢、トラウマを思いおこさせる事物・状況の回避、不眠や過敏反応、周囲の現実感が薄れてしまうなどの症状があらわれます。
そして、急性ストレス障害の症状が1か月以上続いてしまうと、PTSDという診断に移行します。

1か月以上も続くなんて,苦しいですね……。

ただし,PTSDは人によって,数週間～数か月の潜伏期間を経てから発症することも少なくありません。

トラウマ体験のあと,PTSDと診断されるまで

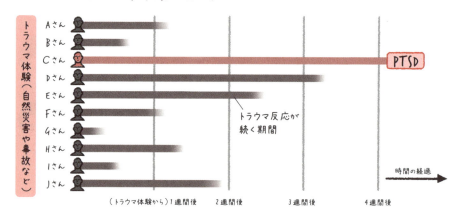

人によって,発症の時期は異なるんですね。

そうなんです。PTSDを引きおこすものは,災害や事件,事故のほか,戦争,戦闘,性暴力,虐待など,**通常の人生経験の範囲をこえた重大な逆境体験**であることが特徴です。しかし,**PTSDの発症率は,災害や事故にくらべると,対人の暴力や虐待などで高くなる傾向があります。**

> **ポイント！**
>
> ## 急性ストレス障害
> 　心的外傷（トラウマ）となりうる出来事の体験後に，フラッシュバックや悪夢，関係する事物・状況の回避，不眠や過敏反応，周囲の現実感が薄れるなどの症状が3日〜1か月の間続く。
>
> ## 心的外傷後ストレス障害（PTSD）
> 　急性ストレス障害の症状が1か月以上続くと診断される。

対人の暴力や虐待で発症率が高くなるって，何だか余計につらいですね。

また，PTSDの発症のしやすさは，性別，社会的サポート，ストレスへの脆弱性などによって変わるといわれています。**もともと別の精神疾患をもつ方や，社会的に恵まれなかったり孤立していたりと，社会的サポートが少ない人は，発症する可能性が高いようです。**

そうなんですね……。PTSDは,どのようなしくみで発症してしまうのでしょう?

PTSDの患者の脳では,感情をつかさどる扁桃体の血流量が増加して活動が活発になることや,記憶をつかさどる海馬の体積の縮小が報告されています。
こうした異常が脳におきていると,恐怖の記憶を強めたり,あるいは自然に消えて忘れていくのを防いだりして,PTSDの症状につながっている可能性が指摘されています。

PTSDで異常がみられる脳内の場所

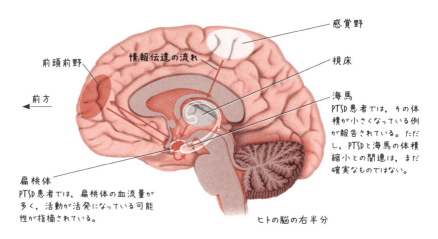

感覚野

情報伝達の流れ

視床

前頭前野

前方

海馬
PTSD患者では,その体積が小さくなっている例が報告されている。ただし,PTSDと海馬の体積縮小との関連は,まだ確実なものではない。

扁桃体
PTSD患者では,扁桃体の血流量が多く,活動が活発になっている可能性が指摘されている。

ヒトの脳の右半分

治療方法はあるんですか？

まず，**安心感の提供や，逆境体験の起こった場所や状況から離れることが治療の第一歩です。**
その上で，薬物療法や，認知行動療法などの心理的支援を組み合わせた治療がおこなわれます。薬物療法では主に，選択的セロトニン再取り込み阻害薬（SSRI）が使われています。そのほかにも，EMDR（眼球運動による脱感作と再処理法）といい，トラウマを思い出しながら，専門家の指示に従って目の運動をすることで脳の情報処理を活性化させ，トラウマを軽減させていく治療法もあります。

治療する手立てはいろいろとあるんですね。

はい。また，PTSDに進展することを予防する手段として，早期の支援が必要かどうかを確認できる**PTSDチェックシート**があります。もし，あなたがトラウマとなるような逆境に遭遇してしまった場合，参考にしてください。

PTSD予防チェックシート

◆趣　　旨／このチェックリストは、お仕事で違法・有害情報に触れる人が、
　　　　　　ストレスを受けるような情報に触れたことに伴う心理的影響を考える目安となるものです。

◆実施時期／ストレスを感じるような情報に接した後、1週間以内に実施するものとします。

◆実施方法／下記の1～11について、あなたが自覚した症状として該当するものをチェックしてください。

☐ 1.	睡眠障害（寝つきが悪くなった。夜中に何度も目が覚める等、眠りが浅くなった。朝早く目が覚めるようになった）
☐ 2.	その情報に関連するイヤな夢や悪夢をよく見た
☐ 3.	食欲不振になった・胃腸の調子が悪くなった・多く食べるようになった
☐ 4.	飲酒又は喫煙量が増加したか、逆に減少した
☐ 5.	気分がすぐれないことが多くなった
☐ 6.	憂鬱（ゆううつ）になった、気が滅入るようになった
☐ 7.	落ち込みやすくなった、悲観的になった
☐ 8.	無気力感や脱力感、極度の疲労感を覚えやすくなった
☐ 9.	辛かった
☐ 10.	何かのきっかけでその情報がよみがえることがあった
☐ 11.	強い無力感や悔しさを覚えた

◆アドバイス
自覚した症状が3つ以下だった場合／心理的影響は少ないと思われます。
自覚した症状が4つ以下だった場合／ストレス予防のためになんらかのサービスを受けることをおすすめします。

1時間目

いろいろな心の健康問題

偉人伝 ❶

精神疾患の分類に貢献, エミール・クレペリン

　現在,精神疾患の診断基準として用いられている,アメリカ精神医学会によるDSMや,世界保健機関によるICDに影響をあたえている人物がエミール・クレペリンです。クレペリンはさまざまな精神疾患を分類し,その考えは現在にも引き継がれています。

　クレペリンは1856年2月15日,北ドイツのノイシュトレーリッツに生まれました。クレペリンの父は音楽や文学,演劇などに精通し,一方兄のカールは生物学に対する才能を持っていました。

精神医学の道を歩んだクレペリン

　こうした家庭環境の下で育ったクレペリンは,1874年にライプツィヒで医学の勉強を始め,1875年にビュルツブルク大学に移ってから精神医学に興味を持つようになり,中でも臨床関係の講義を受けるなどしました。また1878年,精神科医のベルンハルト・フォン・グッデンが指導するミュンヘンの精神病院で仕事をしました。しかしクレペリンは,グッデンの病院でのおおざっぱな身体的介護を中心とした医療行為にがっかりしたことをのちに告白しています。

　医学の勉強を始め,精神医学に興味を持ったころのクレペリンは,ドイツの心理学者・哲学者で,実証的な心理学(実験心理学)を提唱したヴィルヘウム・ヴントの影響を強く受けていました。このため,1882年にヴントの研究室に移ってそこで学び,実験的心理学の手法を精力的に精神医学に取

り入れるようになります。

現代のDSMとICDにも影響をあたえる

　当時，精神疾患を分類することはむずかしく，非常に多くの分類法が提案されていました。そうした中，クレペリンは『精神医学テキストブック』という著書を発表します。教科書という体裁を取ったこの書はその後改訂を重ね，その過程でクレペリンは精神疾患を「早期性痴呆」，「躁鬱性精神病」，「癲癇性精神病」という三大精神病に分けました。この中で，早期性痴呆はのちに精神分裂病を経て現在の統合失調症に，躁鬱性精神病は双極性障害となります。この考えは，アメリカ精神医学会のDSMや，WHO（世界保健機関）のICDといった現代の診断基準の基盤ともなっています。

　エミール・クレペリンは，1926年10月7日，ミュンヘンで死去しました。流行性感冒による急性肺炎が原因だとされています。人付き合いが悪く，冷酷だったなどの人物評も一部ではありますが，彼が近代的な精神医学の確立に大きく貢献したことは間違いありません。

2 時間目

誰もがなりうる「依存症」

STEP 1

 依存症って何？

お酒やギャンブルなど，特定の物事をやめられなくなり，生活に支障をきたすと「依存症」とよばれます。近年は，若年層のインターネット依存も問題になっています。

身近にひそむさまざまな依存症

 近ごろ，ニュースで「ギャンブル依存症」が大きな話題となりました。2時間目では，**依存症**についてお話ししましょう。

 「依存症」は，私もとても気になっていました。依存症って，いろいろあることは知っています。
でもやめようと思っても「やめられない病気」程度の知識しかないですね。

 そうですよね。ではまず，「依存」と聞くと，あなたは何を思い浮かべますか？

 そうですねぇ，やっぱりまず「お酒」ですかね。あとは「覚醒剤」とか……。
でも私はあまりお酒を飲みませんし，もちろん覚醒剤なんて身近にありませんから，「依存」と聞いても実はあまりピンとこないんですよね。

そう思うかもしれませんね。でも、すべてではありませんが、薬局で販売されている**風邪薬**や、病院で処方される**睡眠薬**などには、依存性の高い物質を多く含むものがあります。
このため、服用を続けることで、これらの薬を手放すことができなくなる人もいます。

処方された薬に!?

はい。それから、身近なコーヒーなどに含まれる**カフェイン**も、依存症をおこしうる物質の一つなんですよ。

コーヒーなんて毎日飲んでいますよ！

そうでしょう。**「依存症」は、何らかの物質の摂取や特定の行為がどうしてもやめられなくなって、本来のその人の日常生活が続けられなくなってしまう状態です。**アルコールや覚醒剤、ギャンブルといった非日常的な物事だけでなく、処方薬やごくありふれた嗜好品が依存につながる場合もあり、非常に身近な心の健康問題の一つでもあるのです。

な,なるほど。他人事だと思っていましたけど,依存症って,すごく身近なものなんですね。

そうなんですよ。診断には至らないレベルでも,依存という問題は,依存する対象によって**物質依存**と**行為依存(行為嗜癖※)**の二つに分けられます。
物質依存は,何らかの物質に依存することをいいます。
アルコールや薬物とかですね。
一方,**行為依存は,何かをする行為そのものに依存することをいい,「プロセス依存」といわれることもあります。**
行為依存の対象は,買い物,インターネット,仕事,恋愛,ゲーム,食事,ギャンブル,窃盗,自傷行為などさまざまです。

買い物とかインターネットはともかく,仕事とか食事なんて,生きていくために必要不可欠な行為じゃないですか。それまでが対象になりうるんですね。

そうです。また,近年は,**若年層を中心とした行為依存が問題視されています。**
2017年から2018年にかけての厚生労働省の調査では,国内の中高生のうち,全体の4割にのぼる約250万人が,病的なインターネット依存やその予備軍だと推計されているのです。さらに,約半数の生徒がインターネットの使いすぎで成績低下を経験していると回答しました。
こうした背景から,2018年に,WHO(世界保健機関)によって,インターネットやスマートフォン,オンラインゲームなどの病的な依存が,**ゲーム障害**という新たな精神疾患として認定されました。

※:行為依存は学術的には「行為嗜癖」もしくは「嗜癖行動」とよばれる。本書では注がない限り「行為依存」で統一する。

中高生の4割が病的なネット依存かその予備軍だなんて,衝撃ですね……。

> **ポイント!**
>
> ### 依存症
> 何らかの物質の摂取や特定の行為がどうしてもやめられなくなってしまい,日常生活に支障をきたす精神疾患
>
> 物質依存……何らかの物質に依存する。
> 　　　　　（ex アルコール,薬物）
> 行為依存……何かをする行為そのものに
> 　　　　　依存する。
> 　　　　　（ex ギャンブル,インターネット）
>
> ### 身近にひそむいろいろな依存症
> - 市販薬（処方薬）依存症
> - 買い物依存症
> - ゲーム障害（ゲーム依存症）
> - 窃盗依存症（クレプトマニア）
> - 仕事依存症

依存症は,何気ないきっかけからはじまる

先生,依存症って,どういうところからはじまっていくものなんですか? 他人事だと思えなくなってきました。

たとえば,**ストレス解消**のために,軽い気持ちでお酒を飲んだりしますよね。あるいは,不安や不眠などをまぎらわすためにカフェインや睡眠薬を飲むとか,あるいは買い物やゲーム,ギャンブルなどで気分を変えようとする人もいるでしょう。
依存症のきっかけは,そうした何気ないことがきっかけです。そして,そこから診断のつくようなレベルの依存症に至るには,**三つの段階**があると考えられています。

3段階ですか。私も仕事でストレスがたまったときなんかは,同僚と飲みに行ったりして憂さ晴らしをしますけど,それがはじまりになりうるわけですか。

まず,そのような時点では,お酒を飲むといった行為は,あくまでもストレス解消の一環で,自分では「いつでもやめられる」と自覚できる状態ですよね。

まあ,そうですね。

しかし,**ストレス解消のための行為が次第に習慣化して,定着していきます。脳の回路が変化していくといわれているんですね。これが第1段階です。**

そして,「もっと飲みたい」「もっと続けたい」と,脳が依存対象を渇望するようになります。

お酒や薬の場合,体に耐性ができてしまうと,同じ効果を得るために,必要な量や回数が増えることがあります。

脳の回路が変わってしまうんですか……。

そのようなのです。お酒を飲んだり買い物をしている間は,一時的に気分が安らいだり,心地よくなれますよね。その一時的な心地よさを再び求めて,仕事をしている間でも,お酒や買い物のことしか考えられなくなり,**お酒を飲んだり,買い物をしたりすることができないと以前よりさらにイライラしたり,落ち着かなくなったりします。**

そして，**次第に価値観が変わり，人生の最優先事項が飲酒やゲームなどになります。これが第2段階です。**
その結果，生活が乱れて仕事に遅れたり，大事な約束を守らなかったりして，周囲の信用を失います。
家族や友人，仕事仲間などとの関係は希薄になり，無断欠勤や借金などの金銭トラブルも表面化して，失職や離婚など，社会生活そのものが破たんしていきます。

 つらい状態ですね。

 さらに状態が進行すると，それだけではすまなくなります。**第3段階では，依存症の進行を食い止めようとする周囲の人にうそをついたり，暴言をはいたり，暴力をふるったりするなど，問題が周囲におよびます。**
家族はこの問題を隠そうとしたり，この問題を常に考えることで次第に消耗していきます。

 自分だけの問題じゃなくなっていくんですね。

残念ながら,そうなんです。**依存症は,当事者だけでなく,家族も巻き込んで問題が進行していくことも,特徴の一つなのです。**しかし,本人はやめた方がよいとわかっていてもやめられず,誰かに相談もできず,不安を解消するためにますます酒やゲーム,薬物にはまっていき,こうして診断のつくレベルの依存症までに至るのです。

まるで底なし沼にはまっていく感じですね。

> **ポイント!**
>
> 依存症に至るには三つの段階がある。
>
> 第1段階……ストレス解消のための行為が習慣化して脳の回路が変わる。依存対象を渇望するようになる。耐性も生じる。
>
> 第2段階……価値観が変わり,依存対象が最優先となる。そのために人間関係や社会生活が破たんしていく。
>
> 第3段階……問題が周囲の人にもおよぶ。

「熱中」と「依存」の境界線とは？

先生，たとえば，趣味に熱中する人が寝食を忘れて趣味に打ち込むといったこともあるじゃないですか。**熱中**と**依存**って似ている気がするんですが，どうちがうんでしょう。自分ではただ熱中しているだけのつもりが，実は依存症だったなんてことがあるんじゃないでしょうか。

ここから先が依存症，という明確なラインは存在しないと考えた方がよいんです。先ほどもお話ししたように，その人の生活に支障が出てはじめて，依存症の疑いがある，ということなんですね。このプロセスは行きつ戻りつしながら徐々に進みますから，明確な境界を見出すのはむずかしいのです。**ただし，依存症へ進んでいく最初の大きな特徴として，本人の「大事なものランキング」が変わっていくということがあります。**

大事なものランキング？

はい。自分にとって大事なものを順番に並べたものです。依存症になる前は，上位には家族や将来の夢，健康といったものが並び，依存対象は下位にあります。
しかし依存症になると，それらをさしおいて，依存対象が圧倒的な1位となってしまうのです。

そうなんですか!?
家族や夢より，依存対象の方が上位にくるなんて，ちょっと信じられませんが……。

依存症の人は,自分では依存を制御できない状態にあります(コントロール障害)。ですから,「大事なものランキング」の変化は,熱中か依存かを見極める一つのポイントになるかもしれません。

大事なものランキングが変わっていく様子 (ゲーム障害の場合)

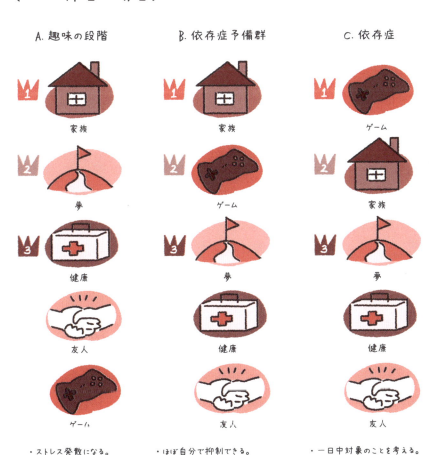

人はなぜ依存し，やめられなくなってしまうのか

先生，そもそも，どうして人は依存症になってしまうんでしょう？ お酒好きな人すべてがアルコール依存症になるわけではないですよね。私のまわりにも酒好きな人もいれば競馬好きな友人もいますけど，依存症っていうわけじゃないですよ。

これについては，いくつか仮説が考えられています。その中で支持を集めているのが**自己治療仮説**です。

自己治療？ 自分で治すってことですか!?

依存症を治療するという意味ではないんです。
依存症は，依存性のある物質や行為がもたらす快感やハイになる気分が動機となって引きおこされるものだと考えられていました。しかし，依存症の人をよく観察すると，**その人が何らかの苦しみや痛みを感じていて，その苦悩やストレスを緩和するために何かに依存していることがわかってきました。**

ストレス発散のためにはじめたことがきっかけとなって，いつしか習慣化してしまうということでしたよね。

そういうことですね。依存症の中には，過食や自傷といった行動への依存もあります。そのような，自分を破壊することになる行動への依存も，実は自身の苦悩の緩和に利用されていることがあるのです。

ほかの苦悩やストレスから逃れる"治療"を自分でしているということですか。

そうです。このことから，依存症は，治療によって一時的に回復したとしても，普段の生活に困難や苦悩を感じることがあれば，また依存症に戻ってしまう可能性があると考えられています。

どうすればいいんでしょう。

依存症の症状ではなくて，その奥にある一人ひとりが抱える「生きづらさ（苦悩やストレス）」に光を当てることが，依存症への予防とともに，依存症からの回復の道すじを示してくれることだと考えられます。

なるほど……。ニュースなどでも時々大きな話題になりますけど，ギャンブルとかアルコールとか薬物とか，「依存症」というと，そっちの方に目がいってしまいますよね。でも，なぜその人がそこに至ってしまったのか，という点の方にこそ目を向ける必要があるということなんですね。

依存症を引きおこす脳のメカニズム

ここで,依存症のときに脳では何がおきているのかを見てみましょう。
依存症では,脳の報酬系とよばれる神経の回路が深く関係していると言われています。

報酬,ですか……。

たとえば,がんばって勉強してテストで高得点をとったとき,親や先生にほめられたり,友人たちにもてはやされたりしますよね。そんなとき,あなたはどのような気持ちになりますか?

それはもう,すごくうれしいですね。

そして,その喜びをまた味わいたくなりませんか。

そうですね。ほめられるとモチベーションが上がりますし,次のテストももっとがんばろう! となりますね。

そうですよね。そのように、喜びの感情（あるいは恐れなどの負の感情も）は、心の変化だけではなく、行動や体内の変化とも深くつながっています。

感情にともなう行動や体内の変化は、脊髄から大脳に続く脳幹の上部にある**中脳**や、大脳の真ん中に位置する**間脳**などの神経細胞が引きおこします。この中脳や間脳は、**扁桃体**と密接なつながりをもっている部分です。

扁桃体って、恐怖とか不安といった感情を感知する部分でしたね（41ページ参照）。

よく覚えていましたね。生物は、生きていくための基本的な性質として、快感を得られるものには接近したくなり、不快なものは回避するようにはたらきます。
このとき、接近するか（快刺激）、回避するか（不快刺激）を伝える神経の伝達経路を報酬系というのです。この報酬系では、信号を伝えるためにドーパミンという神経伝達物質が主に使われています。

なるほど〜。

ドーパミンは、欲求に関連する物質と考えられています。
ドーパミンを使う伝達経路はいくつかあり、その中で特に感情にかかわるのが、大脳の奥深くにある**側坐核**という部分です。

側坐核の神経細胞は、中脳の神経細胞から放出されたドーパミンを受け取って活性化し、喜びや楽しさの感情を生じさせるとともに、「もっと欲しい」という欲求を生みだすと考えられています。

脳の断面

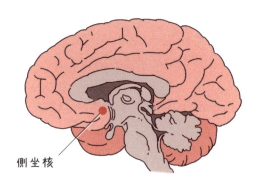

側坐核

側坐核が活性化するしくみ

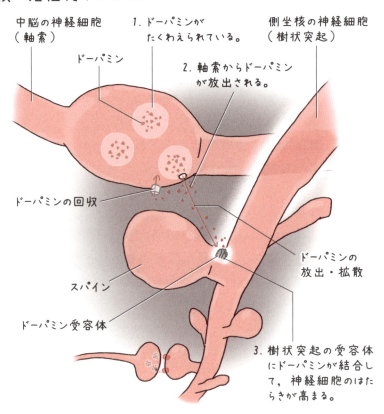

※ドーパミンは俗に快楽物質とよばれることがあるが、実は快楽（Liking）自体は別の神経伝達物質である「オピオイド」が引きおこすとする研究や、ドーパミンとオピオイドでは快楽の質がことなるとする研究もある。

あなたがみんなにほめられて喜びを感じるのは，脳の中で**ドーパミン**のやりとりがおこなわれ，その結果，快楽を覚えるから，と考えられているんです。

そして，「勉強」と「快楽」が結びつき，「勉強すれば快楽が得られる」という「学習」がおきて，「また勉強しよう！」と思うようになることもあるのですね。

だからもっとほめられたい，もっと認められたいとなって，ますます勉強に力が入るというわけですね。

そうです。**そして，たとえば「依存性のある薬物」ということは，報酬系を強制的に興奮させるはたらきがある薬物，ということなんですね。**

そうした薬物を摂取すれば，本来はがんばることによって得られる快楽が，がんばらなくても得ること（これを短期報酬とも呼ぶ）ができるわけです。その結果，「薬物」と「快楽」を結びつける「学習」がおき，「また薬物を摂取したい！」と思うようになってしまうのです。

なるほど……。

これは薬物に限ったことではありません。ギャンブルやゲームは，**比較的簡単に達成感**を得ることができ，報酬系で学習がおきやすいことがわかっています。つまり，ギャンブル依存症やゲーム障害は，薬物依存と同じメカニズムというわけなのです。

こわいですね！ 特にゲームは，今の子どもたちはみんなやりますから，気をつけないとダメですね！

依存症は「性格」や「意思の弱さ」とは関係ない

近年，脳科学の研究が進み，依存症が脳内をどのように変化させていくのかが明らかになりつつあります。そのお陰で，依存性のある物質や行為が脳に与える影響についても，かなり解明されてきました。

報酬系のしくみとか，本当によくわかりましたよ。

でも，依存症の発症や，再発・依存対象物の再使用を防ぐためには，先ほどもお話ししたように，依存を抱える人の感情や経験を理解する必要があります。
そのためには，生理学的な考え方とともに，心理学的な考え方も必要です。

確かにそうですね。

たとえば，**子どもの頃に虐待を受けたり，いじめを受けたりすると，自己評価が低くなることがわかっています。**自己評価が低くなれば，自分のことを大切に思えなくなり，自分の気持ちを素直に伝えられなくなったり，いつも「死にたい」とか「消えたい」という考えを比較的すぐにもつようになってしまうことがあります。つまり，苦しみや悩みを抱きやすく，その苦悩を何らかの方法で緩和したいと思いやすいかもしれませんね。

精神状態が不安定で，依存になりやすい可能性もありそうですね。

また，依存症になると，以前と行動が変化してしまいます。このような行動を**依存症的行動**といいます。
依存症的行動の典型的な例は，うそをつくこと，盗むこと，不誠実であること，何かに没頭しやすいことなどがあります。
中でも，特に頻繁に見られる行動は，うそをつくことです。お酒やギャンブル，薬物，ゲームや買い物などの依存症が表面化すると，家族をはじめ，友人，恋人，仕事の仲間などから，依存状態を注意されることになります。

まわり中から注意されたら，かなり凹みますね。

ですよね。だからこそ，そうした状況をあらかじめ回避しようと，うそをつくようになるのです。そして，そのうそを隠すために，さらにうその上塗りを重ねていき，こうして，自分でもどんなうそをついたのかわからない状態になってしまいます。

> **ポイント！**
>
> 依存症的行動
>   依存症になると，以前と行動が変わる。
>   うそをつく，盗む，不誠実になる，何かに没頭しやすくなる etc

苦しまぎれなんですね。

こうして依存症が悪化することで罪悪感が高まっていく一方，自分が本当のことを話せる，安心できる場所は，自分のうそによって次々になくなっていってしまうこともあります。
これが**孤立**の状態です。**本音をいえない孤立状態が依存症を悪化させ，症状をさらに進行させていく悪循環になるのです。**

つらすぎますね……。

また，依存症の患者に共通して見られる心理に**否認**があります。
否認とは，「自分が依存症であることを認めたくない」「周囲の人にさとられたくない」という心理のことです。
この心理がはたらいているため，まわりから依存症の可能性を指摘されると，強く否定したり，「ハメを外すことがあるかもしれないが，重症ではない」と事態を軽く見せたりして，「ちゃんとコントロールできているから，もう1杯飲んでも大丈夫」となってしまうわけなんです。

ええ〜！　でもそれは結局，意志の弱さみたいなことではないのですか？

依存症ではない人からすると，そう見えますよね。だから，「意思が弱いから依存してしまうのだ」とか，「まわりに迷惑をかけているのだから，やめるべきだ」と考えて，注意したり，責めてしまったりします。

そうですね。私もそうしてしまうかもしれません。

しかし実は、まわりのそういった発言こそが、否認を生むと考えられています。
そして否認によって周囲の批判をかわし、それだけでなく、いつしか自分自身さえもだますことで、心の安定を保とうとするようになると考えられるのです。

むずかしい……。何だかうつ病と似ていますね。がんばりたいのにがんばれない状態なのに、がんばれといわれて追い詰められてしまうようなことでしょうか。
依存症というのは病気であって、意志の弱さとか性格について指摘することは見当ちがい、ということなんですね。

そうですね。そもそも依存症は、病院に行く人の割合が極端に低い病気だといわれています。
その原因の一つは、否認によって、本人や周囲がその症状を把握しづらいことにあります。
そうしているうちに依存症が重症化してしまい、周囲の人の助けがなければどうにもならない状況まで追い込まれてしまうこともあるのです。

STEP 2 さまざまな依存症 〜物質依存

依存症は，"物"に依存する場合と，"行為"に依存する場合とに分けられます。ここでは，お酒や薬物など，特定の物に依存する「物質依存」について見ていきましょう。

依存性のある薬物がやめられない「物質依存」

ここまで，依存症とはどのような心の健康問題なのかについてお話ししました。ここからは，具体的な依存症の症状について見ていきましょう。
STEP1で，依存症は**物質依存**と**行為依存**の二つに分けられるとお話ししました。STEP2では物質依存について見ていきましょう。
STEP3では行為依存，さらにSTEP4では現代社会ならではの依存症についてもお話ししますね。

お願いします。物質依存というと，お酒とか薬物とかですね。

そうです。STEP1でお話ししたように，診断がつくレベルの物質依存症は特定の「物」に依存する精神疾患です。物質依存症は，正式な病名を**物質使用症（障害）**といい，「物質関連症（障害）」に分類されています。

物質関連症（障害）群は，**報酬系を直接活性化させる「薬物」が関与する依存症**と位置づけられていて，対象となる「薬物」は，その種類や強度によって10のクラスに分類されています。

10種類もですか。どんなものが対象なんですか？

対象となる物質は，アルコール，カフェイン，大麻および合成カンナビノイド，幻覚薬（LSDなど），吸入剤（塗料用シンナーや特定の接着剤など），オピオイド（フェンタニル，モルヒネ，オキシコドン），鎮静薬・睡眠薬・抗不安薬，刺激薬（アンフェタミン，コカイン），タバコ，その他（タンパク質同化ステロイド）となっています。

ポイント！

物質依存（物質使用障害）
報酬系を直接活性化させる薬物が関与する依存症。

対象となる薬物
アルコール・カフェイン・大麻および合成カンナビノイド・幻覚薬（LSDなど）・吸入剤（塗料用シンナーや特定の接着剤など）・オピオイド（フェンタニル，モルヒネ，オキシコドン）・鎮静薬・睡眠薬・抗不安薬，刺激薬（アンフェタミン，コカイン）・タバコ・その他（タンパク質同化ステロイド）

カフェインとかタバコから覚醒剤まで……タンパク質同化ステロイドって，筋肉を増強させるものですよね。
そんなのも依存性があるんですね。
物質依存症は，正式には「物質使用症」というんですか。

そうですね。その理由は，体が依存性のある物質を求め続けてしまうという症状のみならず，その物質を使用することによって，社会生活までもが破たんしてしまうという生活機能の障害にも焦点が当てられているからですね。

心身にも生活にもすべてに影響がおよんでしまうんですもんね……。

STEP1でも少しお話ししましたが，ここでアルコール（酒）を例にとって，物質依存がどのように進んでいくのかをご説明しておきましょう。
まず，物質を使い続けているとおこるのが**使用量**の問題です。最初はコップで1杯程度のビールで晩酌を楽しんでいたのに，**耐性**ができて次第に酒の量が増えるため，飲酒量を自分で調節できなくなるという問題がおきます。

ストレス解消の1杯がきっかけになるというお話でしたね。

そうです。また**使用時間**の問題も出てきます。お酒を飲みはじめると朝まで飲み続けてしまうなど，多くの時間を費やし，日常の活動のすべてがお酒を中心にまわってしまうこともあります。

さらに重症になってくると、お酒を飲みたいという強烈な欲求が一日中あらわれ、ほかのことが何もも考えられない状態になりえます。このような状態を渇望といいます。そして、この渇望状態は、脳の報酬系の活性化と関連があることがわかっています。

酒を飲むと快感が得られるというふうな思考回路になってしまうんですね。

そして、使用量や使用時間の問題が続いていくと、やがて仕事や家事などの日常生活に影響が出てきます。
さらに進行していくと、対人関係の問題に支障が出てきたり、信用を失って会社をクビになってしまったりすることもあるでしょう。
場合によっては、度重なる飲酒のために、家庭が崩壊して、団らんや趣味の活動がおこなえなくなるなどの問題が発生します。**しかし問題なのは、そのような状態になっても、当事者の飲酒は止まらないことが多いのです。**

そこが病気、ということなんですね。

そうです。**日常生活が破たんし，さまざまな問題がおきて自分にとって苦しい状況であるのにもかかわらず，物質を摂取することをやめられないような状況が，物質依存症（物質使用症）なのです。**

それは，おそろしいことですよね。自分でも良くないと自覚していたとしても，否認してしまうということでした。

その通りです。物質依存症は，依存性のある物質を使用したときの**依存症的な行動**も診断基準として用いられています。
アルコールや薬物などの物質を使うことを制御できなくなる状況や，社会生活にどれだけ支障をきたしているかなどを評価したり，自らの命をかえりみずに使用しているか，アルコールや薬物などへの耐性がどのくらいなのかなどが診断基準として用いられています。

「薬物依存症」を引きおこす薬は3種類

中枢神経に作用する薬物依存症の薬物として，10種類もの薬物があるとお話ししました。
これらの薬物は，脳にあたえる作用のちがいから，**中枢神経抑制薬**，**精神運動興奮薬**，**幻覚薬**の三つに分かれます。

10種類から，さらに分類されるわけですね。

そうです。まず中枢神経抑制薬は，俗に**ダウナー系ドラッグ**とよばれるものです。
ダウナー系ドラッグは脳のはたらきを抑制し，覚醒度を低下させる作用があります。つまり，頭をぼんやりさせる作用です。
モルヒネや**ヘロイン**などのようなオピオイド系（麻薬性鎮痛薬）が含まれています。**大麻**も大麻草の種類や部位によって多少のちがいはありますが，このタイプに分類されるものが多いです。
さらに，この種類の薬物には**アルコール**や**睡眠薬**，**抗不安薬**なども含まれます。

治療にも用いられる睡眠薬・抗不安薬なども，薬物依存症を引きおこす可能性があるということですね。

そうですね。これに対し，精神運動興奮薬は，俗に**アッパー系ドラッグ**とよばれるものです。

アッパー系ドラッグは，脳のはたらきを活性化させて，覚醒度を高める機能をもっています。つまり，頭を興奮させる作用です。
アッパー系ドラッグの代表的な薬物としては，違法薬物である覚醒剤（アンフェタミン，メタンフェタミン）とコカインです。

覚醒剤とかコカインは身近ではないですが，芸能人逮捕とかのニュースなどではよく耳にしますね。

医薬品の中でも，「エフェドリン」や「メチルフェニデート」という薬は，覚醒剤の原料として，法令で一定の規制を受けており，アッパー系ドラッグとして分類されています。
これらの薬物は，日中でも突然強烈な眠気が襲うナルコプレシーという病気や，ADHD（注意欠如多動症）の症状を改善するために用いられることがあります。
メチルフェニデートには覚醒剤と類似した精神運動興奮薬の作用があることから，医師には処方についてさまざまな制限があります。

医薬品として使われる物質の中にも，依存性のあるものがあるのかぁ。患者さんも処方された通りに適切に服用しなければいけませんね。

そうです。
三つ目の幻覚薬は，サイケ（サイケデリック系）ドラックとよばれており，五感に影響して，知覚を変化させるなど，中枢神経系に対して，質的な影響をおよぼす薬物です。

音が周囲から浮き上がるように明瞭に聞こえて，すばらしい音であるかのように聞こえたり，触覚が敏感になって性感を高めたりします。**LSDやMDMA，5-Meo-DIPT（通称ゴメオ），マジックマッシュルーム**，一部の**危険ドラッグ**がこのタイプに分類されています。

ポイント！

依存をおこす薬物は3種類

ダウナー系ドラッグ（中枢神経抑制薬）
脳の働きを抑制し，覚醒度を低下させる。
モルヒネ・ヘロインなどオピオイド系薬品（麻薬性鎮痛薬）・大麻・アルコール・睡眠薬・抗不安薬

アッパー系ドラッグ（精神運動興奮薬）
脳のはたらきを活性化させて，覚醒度を高める。
覚醒剤（アンフェタミン，メタンフェタミン）・コカイン，エフェドリン・メチルフェニデート

サイケデリック系ドラッグ（幻覚薬）
中枢神経系に影響をおよぼし，知覚を変化させる。
LSD・MDMA・5-Meo-DIPT・マジックマッシュルーム・一部の危険ドラッグ

次のページのDAST 20は，薬物依存の尺度をはかるスクリーニングテストです。処方薬や市販薬にも対応していますので，心配な場合は参考にするとよいでしょう。

薬物依存症テスト「DAST-20」

「DAST-20」は、薬物乱用、依存の重症度の尺度をはかるスクリーニングテスト。違法薬物の乱用や依存の重症度だけでなく、抗不安薬などの処方薬、市販薬の過剰摂取なども測定することができる。

DAST-20 日本語版

注意事項：ここでいう「薬物使用」とは、以下の1～3のいずれかを指します（使用回数に関わらず）。
1. 違法薬物（大麻、有機溶剤、覚せい剤、コカイン、ヘロイン、LSDなど）を使用すること
2. 危険ドラッグ（ハーブ、リキッド、パウダーなど）を使用すること
3. 乱用目的で処方薬・市販薬を不適切に使用すること（過量摂取など）

飲酒は「薬物使用」に含みません。

過去12ヶ月間で当てはまるものに○を付けてください。

当てはまる方に○をつけてください

(1) 薬物使用しましたか？（治療目的での使用を除く）　　はい　いいえ
(2) 乱用目的で処方薬を使用しましたか？　　はい　いいえ
(3) 一度に2種類以上の薬物を使用しましたか？　　はい　いいえ
(4) 薬物を使わずに1週間を過ごすことができますか？　　はい　いいえ
(5) 薬物使用を止めたいときには、いつでも止められますか？　　はい　いいえ
(6) ブラックアウト（記憶が飛んでしまうこと）やフラッシュバック（薬を使っていないのに、使っているような幻覚におそわれること）を経験しましたか？　　はい　いいえ
(7) 薬物使用に対して、後悔や罪悪感を感じたことはありますか？　　はい　いいえ
(8) あなたの配偶者（あるいは親）が、あなたの薬物使用に対して愚痴をこぼしたことがありますか？　　はい　いいえ
(9) 薬物使用により、あなたと配偶者（あるいは親）との間に問題が生じたことがありますか？　　はい　いいえ
(10) 薬物使用のせいで友達を失ったことがありますか？　　はい　いいえ
(11) 薬物使用のせいで、家庭をほったらかしにしたことがありますか？　　はい　いいえ
(12) 薬物使用のせいで、仕事（あるいは学業）でトラブルが生じたことがありますか？　　はい　いいえ
(13) 薬物使用のせいで、仕事を失ったことがありますか？　　はい　いいえ
(14) 薬物の影響を受けている時に、ケンカをしたことがありますか？　　はい　いいえ
(15) 薬物を手に入れるために、違法な活動をしたことがありますか？　　はい　いいえ
(16) 違法薬物を所持して、逮捕されたことがありますか？　　はい　いいえ
(17) 薬物使用を中断した時に、禁断症状（気分が悪くなったり、イライラがひどくなったりすること）を経験したことがありますか？　　はい　いいえ
(18) 薬物使用の結果、医学的な問題（例えば、記憶喪失、肝炎、けいれん、出血など）を経験したことがありますか？　　はい　いいえ
(19) 薬物問題を解決するために、誰かに助けを求めたことがありますか？　　はい　いいえ
(20) 薬物使用に対する治療プログラムを受けたことがありますか？　　はい　いいえ

Copyright 1982 by Harvey A. Skinner, PhD and the Centre for Addiction and Mental Health, Toronto, Canada.
You may reproduce this instrument for non-commercial use (clinical, research, training purposes) as long as you credit the author Dr. Harvey A. Skinner, Dean, Faculty of Health, York University, Toronto, Canada.
Email: harvey.skinner@yorku.ca

依存はこうして進んでいく

お酒をよく飲む人が,「最近, 酒に強くなって, 以前の量では楽しく酔えない」と感じることがあります。
実はこのような状態は, 耐性という状況にある可能性があります。

耐性？

はい。**耐性とは, 外部の刺激に適応するために身体に備わっている機能の一つです。**
脳の中にある中枢神経系は, 全身から伝えられる情報を脳に伝え, 脳から全身へと指令を出すはたらきを担います。中枢神経の回路は, 外部から何らかの影響を受けると, その影響を平らにならし, 体の状態を一定に保とうとします (生体恒常性)。この機能のおかげで, 生物は環境の変化に対応して生きていくことができるわけです。

なるほど。変化に慣れていくわけですね。よく「耐性がついた！」とかいいますけど, それは「その状態に慣れた！」ってことなんですね。

そうです。そして, この機能は, 薬物を摂取したときにも同じようにはたらきます。
つまり, 精神運動興奮薬や中枢神経抑制薬を摂取し続けると, 薬の刺激に慣れてしまい, 以前と同じ効果を得るためには, より多くの強い薬物を必要とするようになります。これが耐性という状態です。

わー！　酒に強くなったどころか，耐性がついて，飲み足りない状態になってしまってるわけなんですね。
それで，もっともっと大量に飲んだり強い酒を飲んだりしてしまうわけですか……。

そうです。こうして薬物を日常的に摂取するようになり，強い耐性ができてしまうと，今度は薬物を摂取できない状況で大きな"反動"が出てきます。
中枢神経系のバランスが大きく崩れて自分で調整することがむずかしくなり，病的な行動上の症状があらわれてくるのです。この状態を**離脱**といいます。

たとえば，どんな風になってしまうんでしょうか？

ダウナー系ドラッグ（中枢神経抑制薬）の場合，摂取できない状態が続くと，脳の報酬系が**興奮状態**になります。**イライラしたり，怒りっぽくなり，ときには眠れなくなったり，手が震えたりすることもあります。**

ドラマなどでそういう描写がありますよね。手が震えるのは、そういうことなんですね。

一方，アッパー系ドラッグ（精神運動興奮薬）の場合，摂取できなくなると，脳の報酬系が一時的に**虚脱**や**疲弊**のような状態になります。
ぼんやりとして，眠くなることもあれば，毎日，無気力な状態がしばらく続いたりすることもあります。
このように，耐性と離脱がつくられ，体の中に体質の変化が出てくることを**身体依存**といいます。

身体依存が出てきたら，かなり重度の依存症だということになりますか？

いいえ，そうとも一概には言えません。
というのも，薬物の種類によっては，離脱などの身体依存の症状がよくわからないものものがあるからです。ですから，身体依存があるからといって，ただちに依存症であるとはいえないこともあるのです。

2時間目　誰もがなりうる「依存症」

なるほど。

さらに,身体依存とともに,**精神依存**もおこります。
前にもお話ししましたが,精神依存とは,薬物に対する渇望や欲求が出てくる症状のことです。
いったん自分の中に精神依存がつくられると,薬物を手に入れるために一生懸命に探しまわったり,危険な場所であっても買いに行ってしまうなど,日常生活での行動に変化が見られるようになります。

命よりも薬物が大事になってしまうんですね。

また,薬物をやめようと思っても,しばらくすると薬物が欲しくなるという状態も精神依存の特徴です。
そして,自分のなかで,さまざまな理由をつけて薬物の摂取を続けるようになってしまうのです。
このように,耐性・離脱を経て,身体依存と精神依存の症状があらわれ,身体も環境にもさまざまな問題が生じてしまっているのに,薬物の摂取をやめられない状態が,薬物依存症です。

薬物依存症はそうやって抜けだせなくなってしまうんですね……。

> **ポイント！**

物質依存の進行

飲みはじめ
何気ないきっかけで摂取をする。
↓

耐性
薬物の刺激に慣れて、以前と同じ効果を得るために、より多くの強い薬物を必要とするようになる。
↓

身体依存・離脱
中枢神経系のバランスが大きく崩れて自分で調整することがむずかしくなり、薬物の摂取ができない状態になると、病的な行動上の症状があらわれる。

ダウナー系ドラッグの離脱症状
脳の報酬系が興奮状態になる。
（イライラする・怒りっぽくなる・眠れない・手が震えるetc）

アッパー系ドラッグの離脱症状
脳の報酬系が疲弊や虚脱になる。
（ぼんやりして眠くなる・無気力な状態が続くetc）

精神依存
薬物への渇望や強い欲求。薬物を手に入れるために一生懸命探しまわったり、危険な場所でも買いに行く。薬物をやめても、しばらくすると薬物が欲しくなる。

手に入りやすいことも原因の一つ「アルコール依存症」

さて、ここからは、物質依存症のそれぞれの症状を見ていきましょう。まずご紹介するのは、物質依存症の中で最も多く、代表格ともいえる**アルコール依存症**（アルコール使用障害）です。

お酒が好きな人は多いですし、私もたまに飲みますから、ここまでお話を聞いて、お酒が"薬物"にカテゴライズされていることが驚きでした。お酒が薬物だという意識はなかったですね。

そうですよね。違法ではないので、あまり意識されていませんが、生理学・薬理学的には、アルコールも体にとって「毒物」の一つなのですよ。アルコール依存症は、その名の通り、使用量や使用時間を調整できず、日常生活に支障をきたしているのにもかかわらず、お酒を飲み続けることをやめられない状態をいいます。

"酒びたり"の状態ですね。

はい。アルコール依存症の場合，お酒がやめられない理由の一つとして，先ほどお話しした**離脱**の症状が大きくかかわっていると考えられています。

イライラしたり怒りっぽくなったり，手が震えるとかでしたね。

そうです。アルコール依存症の人の場合，長時間で大量にアルコールを飲むと，4〜12時間後に体内のアルコールの量が減り，離脱の兆候があらわれはじめます。アルコールの離脱症状は，非常に**不快**で**強烈**なものであることが少なくありません。

どんな状態になるんですか？

代表的な症状としては，イライラしたり怒りっぽくなったり，不眠や手の震えなどに加え，**発汗**や**血圧の上昇**，**不安感**なども見られます。また，重症になるとけいれんの発作をおこしたり，幻覚が見えるといった症状があらわれることもあります。
このような離脱症状の苦痛に直面すると，その苦痛をやわらげるためにまたアルコールに助けを求めてしまうのです。

まさに悪循環ですね……。離脱って，精神的に大きな負担になるんですね。

精神だけではありません。大量のアルコールを摂取するため，体にも大きなダメージをあたえます。

肝臓に大きな負担がかかるため，**肝炎**や**肝硬変**，**膵炎**，**消化器系のがん**，**糖尿病**を悪化させるなど，その影響はさまざまなところにおよびます。なので，さきほどアルコールを毒物だと言ったのです。

どの病気も致命的なものばかりじゃないですか！　命にかかわるのに，でもそこでコントロールが効かなくなってしまうということなんですね……。

その通りです。体がいくら消耗していても，目の前にある困難や心理的苦痛から逃れるために，またアルコールを薄めて作ったお酒を飲み続けてしまうのです。
そして，お酒は違法ではないですから日本中いつでもどこでも簡単に手に入れることができますよね。この入手がしやすいという点も，アルコールをやめられない原因の一つと考えられています。

なるほど……。

また，コカインやヘロイン，睡眠薬や鎮静剤といった薬物は，出回っているとはいえ，違法薬物として指定されていたり，厳格に管理されていたりして簡単には手に入りにくいものです。そのため，これらの薬物の代用として，アルコールが使われることもあります。ですから，もともとほかの薬物で依存症になっている人が，アルコールを摂取することで，複数の依存症を抱えてしまうこともあるのです。

それは危ないですね。

アルコール依存症は「環境」も重要

先生，アルコール依存症の人はどれくらいいるのでしょうか？

日本のアルコール依存症の生涯有病率は，世界保健機関（WHO）の調査（疾病及び関連保健問題の国際統計分類ICD-10／2013年）によると，男性は**1.9%**（94万人），女性は**0.3%**（13万人）であり，推計数は男女合わせて**107万人**でした。

トータルで107万人と聞くと，そんなに多いのかと，びっくりする数ですね。

近年の少子高齢化によって，アルコールの消費量は全体的に低下しています。しかし，その一方でアルコールを大量に飲む人の割合は増えていると考えられています。
2015年に発表された経済協力開発機構（OECD）の調査では，日本人1人あたりの飲酒量は，アルコール換算で**年間7.2リットル**であることがわかっています。これはOECD加盟34カ国の平均値9.1リットルを下回っているんです。
ところが，年間7.2リットルの70％近くを飲酒量が多い上位2割の人が消費しているという問題も指摘されています。つまり日本では，他の国々と比べて，飲酒が一部の人に集中しているのです。

一部の人が大量に飲んでいるということなんですね。

アルコール依存症患者数の推移

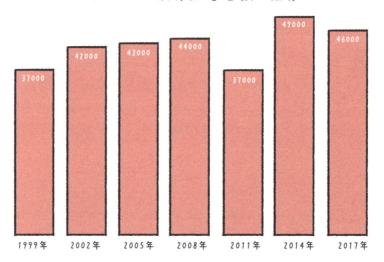

資料出典：厚生労働省「患者調査」（2017年）

多量飲酒（1日平均純アルコール量を約60gを超えて摂取する人）の割合

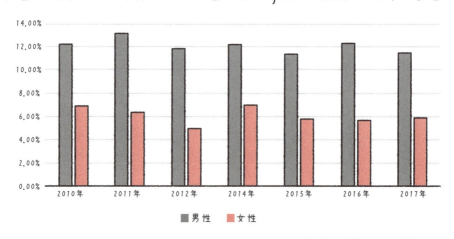

資料出典：厚生労働省「国民健康・栄養調査」
（2017年）※2013年は調査実施せず

STEP1でもお話ししましたが、依存症になってしまう原因は実にさまざまです。個人の資質もありますし、お酒を飲んでしまうようなストレスにさらされている状況もあるでしょう。
その中でも注目されているのが<mark>環境要因</mark>です。**アルコール依存症になりやすい人は、お酒に触れる機会が多い人や、酒飲み仲間などの存在が大きいと考えられているのです。**

お酒を飲みやすい環境、ということですか。

そうですね。たとえば、お酒による接待が日常的におこなわれる営業職の人は、アルコール依存症になる可能性が高くなります。もちろん、個人の性格やものごとのとらえ方、ストレスの度合いなどで変わってきますが。

確かに、そうかもしれませんね。接待だと断りづらそうですし、仕事で飲むわけですから、楽しくもなさそうですしね……。

また，**親や兄弟などの近親者にアルコール依存症の人がいる場合，近親者にアルコール依存症の人がいない場合にくらべて，アルコール依存症になる確率が3〜4倍も高いといわれています。**近親者のアルコール依存症が重度の場合は，さらに確率が高まります。

小さいときから，お酒を飲むのが普通という環境で育つせいでしょうか。
たとえば，依存症は遺伝的な要因はあるんでしょうか？

確かに遺伝的要因も指摘されていますし，遺伝と環境との相互作用はありそうです。しかし，その一方で，アルコール依存症の両親から生まれた双子の追跡調査では，必ずしも遺伝的な関連性が見受けられなかったとする研究結果も出されています。

やはり，環境が大きいんですかね。

依存症は，早めの対応をすれば早期回復が可能です。139ページの**AUDIT**は，アルコール依存症のスクリーニングテストです。自分のお酒の飲み方をチェックし，アルコール依存症の傾向がないかどうかを把握しておくことで，予防につなげることができます。

アルコール依存症テスト「AUDIT」

依存症は，早い段階で発見して治療をおこなえば，早期回復が可能です。特にアルコール依存症の場合，依存症が進めば進むほど，肝臓の機能を弱め，肝炎や肝硬変，膵炎，消化器系のがん，糖尿病を悪化させるなど，体に影響をおよぼします。

AUDIT（The Alcohol Use Disorders Identification Test）は，WHOの調査研究によって作成されたアルコール依存症のスクリーニング（分類）テストで，世界各国で飲酒問題の早期発見，早期介入のために用いられており，日本でも20年以上前から導入されています。AUDITを活用して，自分のお酒の飲み方を確認しておくことで，アルコール依存症に気をつけることができます。

（方法）
全部で10個の質問があり（次のページ），各項目の質問に対する回答の合計点（最大40点）によって，自分のお酒の飲み方にどのような問題が生じているのかを判断する。

AUDITの点数の区分分けは，それぞれの特性や目的に応じて決めることができる。
日本では，アルコール依存症の区分は15点ほどとされている。世界的には，危険な飲酒の区分は8点，アルコール依存症は13点のところが多い。

1. あなたはアルコール含有飲料をどのくらいの頻度で飲みますか？
0. 飲まない
1. 1ヵ月に1度以下　2. 1ヵ月に2～4度
3. 1週間に2～3度　4. 1週間に4度以上

2. 飲酒をするときには通常、純アルコール換算でどのくらいの量を飲みますか？
0. 10　20g　1. 30　40g　2. 50　60g
3. 70　90g　4. 100g以上
ただし、ビール中びん1本、ウイスキーダブル（60mg）=20g、
日本酒1合（180ml）=22g、焼酎（25度）
1合（180ml）=36g、ワイン1杯（120ml）=12g
※純アルコール量が当てはまらない
場合は、近いものを選んでください。

3. 1度に純アルコール換算で60g以上飲酒することが、どのくらいの頻度でありますか？
0. ない
1. 1ヵ月に1度未満
2. 1ヵ月に1度
3. 1週間に1度
4. 毎日あるいはほとんど毎日

4. 過去1年間に、飲み始めると止められなかったことがどのくらいの頻度でありましたか？
0. ない
1. 1ヵ月に1度未満
2. 1ヵ月に1度
3. 1週間に1度
4. 毎日あるいはほとんど毎日

5. 過去1年間に、普通に行えることを飲酒していたためにできなかったことが、どのくらいの頻度でありますか？
0. ない
1. 1ヵ月に1度未満
2. 1ヵ月に1度
3. 1週間に1度
4. 毎日あるいはほとんど毎日

6. 過去1年間に、深酒の後、体調を整えるために、朝迎え酒をせねばならなかったことが、どのくらいの頻度でありましたか？
0. ない
1. 1ヵ月に1度未満　2. 1ヵ月に1度
3. 1週間に1度　4. 1週間に4度以上

7. 過去1年間に、飲酒後、罪悪感や自責の念にかられたことが、どのくらいの頻度でありましたか？
0. ない
1. 1ヵ月に1度未満
2. 1ヵ月に1度
3. 1週間に1度
4. 毎日あるいはほとんど毎日

8. 過去1年間に、飲酒のため前夜の出来事を思い出せなかったことが、どのくらいの頻度でありましたか？
0. ない
1. 1ヵ月に1度未満
2. 1ヵ月に1度
3. 1週間に1度
4. 毎日あるいはほとんど毎日

9. あなたの飲酒のために、あなた自身がけがをしたり、あるいは他の誰かにけがを負わせたことがありますか？
0. ない
2. あるが、過去1年間はなし
4. 過去1年間にあり

10. 肉親や親戚、友人、医師、あるいは他の健康管理に携わる人が、あなたの飲酒について心配したり、飲酒量を減らすように勧めたりしたことがありますか？
0. ない
2. あるが、過去1年間はなし
4. 過去1年間にあり

合計　　点

苦悩の緩和が依存につながる「抗不安薬依存症」

厚生労働省の調査（2017年）によれば，心の健康問題や精神疾患によって，医療機関を受診している人の数は，**419万3000人**で，この数値は年々増加しているといわれています。

心の病は，今や社会問題になっていますね。

1時間目でもお話ししましたが，特に増えているのがうつ病などを含む気分症（障害）です。気分症（障害）の患者数は，2017年の時点で127万6000人といわれており，15年前と比べると約1.8倍にも増えているのです。
こうした心の健康問題や精神疾患の治療薬も，依存症を引きおこす原因となる場合がありますから注意をして上手に使う必要があります。

精神疾患の治療薬の一部も，アルコールと同じダウナー系ドラッグ（中枢神経抑制薬）に分類されていましたね。

その通りです。こうした精神疾患の治療薬として処方される**鎮静剤**や**睡眠薬**，そして**抗不安薬**にはすべてではありませんが，脳内のベンゾジアゼピン受容体というところに作用する物質が含まれていることがあります。
この物質が，アルコールと同じく脳の報酬系に対し，抑制的に作用するのです。

しかし、薬がきれると離脱症状が出て、それを回避するために、さらに薬を服用するといった依存状態におちいってしまう可能性があるのです。

アルコールと同じですね。

そうです。**また、抗不安薬依存症は、渇望状態におちいりやすい人がいることが知られてます。薬を使用しているときでも、中断しているときでも、常に薬を求めてしまうことがあるのです。**

こうした薬剤は、幅広く使用されているんでしょうか？

そうですね。ベンゾジアゼピン系の睡眠薬や抗不安薬は、日本の場合あらゆる診療科で広く処方されています。
そして、1996年以降、抗不安薬の依存症患者は増加傾向にあります。

精神安定薬を習慣的に使っている人割合の推移

資料出典：国立研究開発法人国立精神・神経医療研究センター

国立精神・神経医療研究センター「全国の精神科医療機関における薬物関連障害患者の経年変化」（2020年）によると、「生涯使用経験薬物」として最も多いのが覚醒剤（64％）で、その次に睡眠薬・抗不安薬（34.2％）があげられています。

さらに、「薬物関連精神疾患」でも、覚醒剤（53.5％）、その次に睡眠薬、抗不安薬（17.6％）という結果が出ています。

二番目に多いんですね……。

その理由としては、薬物の使用動機が大きく関係していると考えられます。たとえば覚醒剤依存症の人は、刺激や誘惑など快楽を求めて使用している人が少なくありません。

一方で、睡眠薬や抗不安薬を使用する人は、そもそも困難や苦悩を緩和する目的で使用しているのです。

また、睡眠薬や抗不安薬の依存症患者の75％は、精神科医から処方された薬で依存症になっていることがわかっています。

不調を治したいと思って服用している薬がかえって依存症につながってしまうなんて、どうにかならないものでしょうか……。

不眠や精神症状が軽くなってきたら、主治医と相談しながら、ゆっくりと減らしていき、別の薬に変更することも目指されます。

急に服用をやめようとすると，離脱症状に苦しみ再燃する可能性があるので，主治医と相談しながら，数か月以上かけて，ゆっくりと減らしていくことが多いです。最終的には依存症に至らずに服薬をやめることもできるのです。

コーヒーやエナジードリンクも要注意「カフェイン依存症」

依存症の対象となっている薬物のほかに，私たちが毎日摂取している食品の成分にも，依存症を引きおこす物質が含まれている場合があります。それが**カフェイン**です。

カフェインは，コーヒーや紅茶に入っているものですよね。私はほぼ毎日コーヒーを飲んでいますよ。

そうですよね。アメリカの食品医薬局の調査によると，世界中の約80％以上の人がカフェインを毎日摂取しているといわれています。カフェインは，コーヒーや紅茶だけでなく，**市販の鎮痛薬**や**風邪薬**，**エナジードリンク**をはじめとする**栄養補助剤**などにも含まれています。さらに**ビタミン剤**や**食料品への添加物**として使用されることも多くあります。

想像以上にいろいろなものに含まれているんですね！

そうなんですよ。カフェインは4時間ほどで体外に排出されることがわかっていますが、妊娠している人や授乳中の人は肝臓の代謝速度が落ちているため、カフェインの体外への排出が通常の人よりも時間がかかるとされています。

カフェインは目を覚ます効果があるといいますけど、それはどういうしくみなんですか？

カフェインは、脳内にある眠りを誘う受容体といわれるアデノシン受容体に結合し、そのはたらきをおさえる作用があります。
また、血管を収縮させる作用があり、血管の拡張によっておこる頭痛に効果があるため、**頭痛薬**や**風邪薬**などにも含まれていることがあります。

頭痛薬や風邪薬も、しょっちゅう飲みますよ。そんな身近なものが依存症になりうるなんて、要注意ですね。
でも先生、カフェインってものすごく身近すぎて、「カフェインの依存症」と言われても、何だかそれほど危ないような気がしません。

ところが！
アメリカでは、エナジードリンクを大量（カフェイン400mg以上）に摂取することによって、死亡した事例もあるのです。

日本ではそのような事例は現在のところありませんが，頭痛薬や鎮痛剤の中には，エナジードリンクの数倍もの量のカフェインが含まれているものもたくさんあります。

カフェインによって，死に至ることもあるんですね。

そうなんです。**カフェインの依存症を避けるためには，頭痛薬や鎮痛剤を日常的に使用することの危険性を知っておく必要があります。**

カフェインは，上手に付き合うぶんには問題ありませんが，法規制がなく，手に入りやすいため，誰でも依存症になる危険性があります。

特に近年では，子どもが勉強の眠気覚ましにカフェインを含むエナジードリンクを飲む機会が増え，カフェイン中毒をおこす事例が急増しているのです。

子どもがですか！　それは危ないですね！

カフェインは脳を興奮させる作用をもちますが、慢性的に摂取すると、脳が興奮しづらくなっていき、カフェインに対して耐性がつきます。こうして、1本のエナジードリンクでは眠気が覚めなくなり、2本、3本と、飲む量が増えていってしまうのです。
そして、耐性がついた状態でカフェインの摂取をやめると、先ほどお話ししたように離脱症状がおき、**頭痛や眠気、集中力の減退や吐き気など、さまざまな症状があらわれるのです。**

そしてまた、カフェインに手を出してしまうのですね。

その通りです。そして、大量のエナジードリンクを飲み続けているうちに、カフェインがより多く含まれているカフェイン錠剤の摂取へと移っていき、その過剰摂取によって身体に大きな異常をきたす中毒状態になってしまうこともあるようなのです。

エナジードリンクもカフェイン錠剤も、すぐに手に入るものですからね。

ちなみに、**エナジードリンクに含まれるカフェインは1本あたりおよそ100〜160mgで、カフェイン錠剤はその量を1錠で摂取できてしまいます（ドリップコーヒー200mlには、約90mg）。**

そんなに含まれているんですね！

人によってことなりますが、**成人では短時間に200〜1000mg程度摂取した場合に中毒症状がおきるとされています。**子供は、より少ない量でも中毒をおこします。
子供のカフェイン中毒は世界中で問題となっていて、カナダでは子供へのエナジードリンクの販売と試供品の配布が禁止されています。
また、韓国では小中高の学校でのコーヒーの販売が禁止されており、イギリスでは、未成年へのエナジードリンクの販売禁止が検討されています。**日本にはカフェイン規制がないため、健康被害がおきないよう、自分たちで判断・対処しなければなりません。**

すでに対策をとっている国もあるんですね。そこまで問題になっているとは知りませんでした。子どもだからこそ、大人がちゃんと守ってあげないといけないですよね。

2時間目 誰もがなりうる「依存症」

STEP 3

さまざまな依存症 ～行為依存

薬物などの"物質"ではなく，ギャンブルやゲーム，買い物といった"行為"に依存してしまうことを「行為依存」といいます。行為依存にはどのようなものがあるのでしょうか。

心の苦痛を避ける行為に依存してしまう「行為依存」

さて，物質依存に続いて，行為依存について見ていきましょう。

行為に依存してしまうものですね。

そうです。診断のつくレベルにまで至った行為依存症は，医学的には**行動嗜癖症（こうどうしへきしょう）**とよばれています。
嗜癖とは，特定の行動や人間関係が，本人や周囲にとって問題となっている状況であるにもかかわらず，その行動から抜けだせない状態をいいます。
ここでは一般的に使われる「依存症」を使いましょう。

習慣みたいになってしまった状態をいうんですね。

そうですね。**行為依存の対象となる行為には，ギャンブルやゲーム，窃盗，性行為，買い物，食事，自傷行為など，さまざまなものがあります。**

なぜ依存するのかわからない行為もありますが……。

行為依存が，1時間目でお話しした「自己治療仮説」，すなわち自分が抱えている困難や苦悩を取り除こうとする行為であると考えれば，どんなものでも行為依存の対象になると考えられます。

その行為をすることで，自分を癒やそうとしているんですね。

そう考えると理解しやすいと言われています。たとえば，ある人が仕事の人間関係で悩みを抱えていたとしましょう。気分転換のつもりでたまたま帰り道に通りかかったパチンコ店に入ったところ，ビギナーズラックで大勝ちし，それがきっかけでギャンブル依存症になったという人もいます。

ふむふむ。

あるいは，子育てから解放され，金銭的にも精神的にも余裕ができた人の場合，たまたま寄った高級ブティックで買い物をしたら，すごい爽快感を感じることができ，それがきっかけで買い物依存症になった人もいます。

何かにストレスを感じていて，それが解消される行為が，物なのか，行為なのかということなんですね。
行為となると，本当にいろいろですね……。

そうですね。人がある行為に依存してしまうのは，その人の自身の生育環境やライフスタイル，ストレスなどの心理的な要因が大きな影響を与えるといえるかもしれません。

ポイント！

行為依存症＝行動嗜癖症（嗜癖行動）

特定の行動や人間関係が，本人や周囲にとって問題となっているにもかかわらず，その行動から抜けだせない状態になり，生活に支障をきたす。

ex ギャンブルやゲーム，窃盗，性行為，買い物，食事，自傷行為など。

"賭ける"行為にのめり込む「ギャンブル依存」

行為依存としてまず取り上げるのは,ギャンブル依存です。

賭け事に依存してしまうのですね。

はい。診断がつくレベルに至ったギャンブル依存症は,医学的には**ギャンブル障害(Gambling Disorder)**といいます。
ここでは,ギャンブル依存症としてお話ししましょう。

ギャンブルによって,生活に障害がおきてしまっているわけですね。

その段階にまで至ると診断がつくのです。厚生労働省の2017年の調査によると,過去1年間にギャンブル依存症と疑われる状態になった人は国内で70万人にのぼり,生涯で一度でもその疑いがあった人は320万人にものぼると推計されました。

そんなにいるんですか? 驚きです。
私は,ギャンブルは負けたときのリスクを考えるとおそろしくてなかなか手を出せないと思ってしまいますが……。

ギャンブル依存症の人は,ギャンブル要素の乏しいゲームを楽しめなくなることがわかっています。

ある実験で，ギャンブル性の乏しいゲームを，健常者とギャンブル依存症患者とでおこなったところ，健常者の脳の報酬系は活性化したものの，ギャンブル依存症患者の報酬系は反応が低下していたといいます。

つまり，ギャンブル依存症になると，ギャンブルに過剰に反応する一方で，それ以外のことがあまり楽しめなくなり，その結果，ますますギャンブルにはまっていく，ということになります。物質依存のところでお話しした耐性と似ていますね。

ギャンブルじゃないと楽しめなくなってしまうんですね……。やっぱり，大当たりをしたときの快楽を求めてしまのでしょうか。

そう思いますよね。ところが，ギャンブル依存症の人は，ギャンブルで大当たりした瞬間に快楽を覚えるのではなく，ギャンブルをはじめてから結果が出るまでの「待ち時間」に快楽を覚えているといいます。

えっ，**待ち時間が快楽？**

ええ。つまり，**当たるかどうかは関係なくて，賭けるという行為自体に快楽を覚えているのです。**

結果が出るまでのハラハラドキドキはわかるような気がしますけど……，でも勝たないと，いつかはジリ貧ですよね。

賭け続けることによって，肉体に大きな影響があるわけではありません。**しかし，脳が変化してしまうことによって，ギャンブルのCMを見るだけでもギャンブルをはじめたくなってしまうようになることもあります。**
その結果，負けがかさむと，借金や横領，育児放棄などに発展してしまうこともあるのです。

泥沼ですね。

先ほど，生涯で一度でもギャンブル依存症の疑いがあった人は320万人にものぼるとお話ししました。

ええ，驚きました。

この数字は，国内の成人の **3.6％** に該当します。実は諸外国では軒並み **1％台** なのです。
つまり日本は，生涯で一度でもギャンブル依存症の疑いがあった人の数が，ダントツに多いんですね。

それは意外ですね！　日本は真面目な国というイメージがあると思うんですが。

日本のギャンブル経験の約8割は**パチンコやパチスロ**です。日本では違法でなく,特に強い規制もなく,どの町にもこれらの遊戯施設がありますよね。このような高い数値になったのは,こうした環境的な要因がかかわっているのではないかと考えられています。

なるほど……。確かに,パチンコやパチスロは,日本では規制がありませんからね。田舎や国道沿いなど,どんなところでもよく見かけます。

そうですね。さて,**ギャンブル依存症は,何年もかけて,その症状が徐々にあらわれてくるとされています。**
とはいえ,**兆候**はあります。**実はギャンブル依存症は,症状の進行に合わせて賭けの頻度や金額が徐々に増えるという特徴があります。やはり,次第に生活の中での優先順位が変わってしまうのでしょうね。**
頻度や金額が増えることで生活が立ちゆかなくなったり,金銭問題がおきたりすることで,症状が発覚することが多いようです。

気づいたときには,かなり深刻な状況になってしまっているんですね。

また,ギャンブル依存症の人の性格傾向としては,**衝動的で競争心が旺盛,落ち着かず,飽きやすい**という特徴があることも知られています。
さらに**女性よりも男性の方が,症状の進行が早く,重症化しやすいこともわかっています。**

女性より男性の方が熱くなってしまうのか……。

それから，ほかの依存症と同じように，ギャンブル依存症の人は**強い不安**を感じたときや**抑うつ状態**のときにギャンブルをすることが多いと知られています。やはりそうした苦しい状況から一時的に逃れたり，忘れたりしたいからギャンブルをするのかもしれません。
実はギャンブル依存症は自殺リスクが高く，DSM-5によると，ギャンブル障害の人の17％に自殺念慮があったとしています。

負けがこんで立ちゆかなくなって，ということではなくて，もっと深いところに理由があるんですね。

そのようなんです。**その背景には，ギャンブル依存症の人は元来，抑うつ的で孤独な傾向があり，経済的な困窮を抱えているなどがあると考えられています。**

ギャンブルってちょっとイメージがよくないですけど，その人それぞれに抱えているものがあるんですね。

また，**先ほどギャンブル依存症と疑われる人は約70万人とお話ししましたが，医療機関で診断されている患者はたったの約3200人しかいないのです。このように，精神疾患としての認知度が低いのも特徴です。**

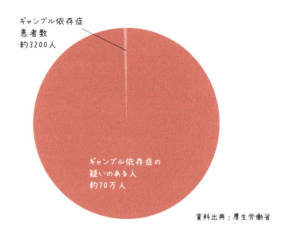

資料出典：厚生労働省

病気としての認知度が低いギャンブル依存症
ギャンブル依存症と疑われる人は約70万人（2016年厚生労働省調べ）と推定されていますが，診断を受けている患はたったの約3200人しかいません。このように精神疾患としての認知度が低いのも特徴です。

気づくまでに何年もかかってしまうということでしたが……，何とか途中で気づく方法はないものでしょうか。

予防策として，ギャンブル依存症のスクリーニングテストがあります。自分やまわりの人にギャンブル依存症の不安があったら，やってみるとよいでしょう。

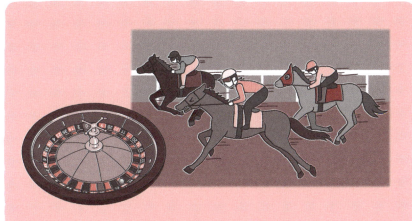

ギャンブル依存症テスト「LOST」

「Limitless, Once again, Secret, Take money back」という四つの質問の頭文字をとって名付けられたもの。
二つ以上当てはまれば、ギャンブル依存症の疑いがある。

スクリーニングテスト（LOST）

1. ギャンブルをするときには予算や時間の制限を決めない、決めても守れない
(Limitless)

2. ギャンブルに勝ったときに『次のギャンブルに使おう』と考える
(Once again)

3. ギャンブルをしたことを誰かに隠す
(Secret)

4. ギャンブルに負けたときにすぐに取り返したいと思う
(Take money back)

田中紀子,松本俊彦,森田展彰,木村智和.病的ギャンブラーとギャンブル愛好家とを峻別するものは何か:LINEアプリ・セルフスクリーニングテストを用いた病的ギャンブラーの臨床的特徴に関する研究.日本アルコール・薬物医学会雑誌. 53(6), 264-282, 2018.

10〜20代の7％が「ゲーム障害」

依存症の最後にご紹介するのは，スマートフォンに関する依存症です。今は電車に乗っていても，誰もが皆スマートフォンを見ていますよね。
最近は，細かな手続きなどもスマートフォンでおこなうことができるようになり，大変便利になっています。
また，ソーシャルメディアの普及によって，個人がさまざまな情報を発信することができ，世界中の人とインターネット上で交流することもできます。

スマートフォンはもう手放せないですね。連絡や手続きはもちろんですけど，移動時間などは動画なども見ますし，ゲームもできます。

そうでしょう。しかし一方で，スマートフォンを手放せなくなってしまう，スマートフォン依存が，近年問題になっています。

私もスマートフォンなしの生活は想像できませんし，ついつい動画をずっと見続けてしまうこともあります。

それは気をつけた方がいいですね。
スマートフォン依存は，ゲームや動画，SNS（Social Network Service）などのインターネットサービスを利用することによって，スマートフォンを使用することをやめられなくなる状態のことです。

医学的に「スマートフォン依存」という正式な病名があるわけではありませんが，極端なスマートフォンの使用をやめられない状態をわかりやすく表現した一般的なよび方です。同様に，**インターネット依存**とか**SNS依存**もあります。

まだやめられなくなるほどではないですが，気をつけないといけませんね……。

スマートフォン依存の中でもとくに問題となったのが，**オンラインゲーム**です。スマートフォンなどでゲームをやめられなくなる状態を**ゲーム依存**といい，近年は生活にまで支障をきたして相談件数が増加したことから，WHOは2018年に正式に**ゲーム障害**という診断名として認可しました。

ゲームをなかなかやめられない若者がいるというのは，ニュースで見たことがあります。

2019年11月に,厚生労働省は「ゲーム障害」に関する実態調査を発表しました。この調査によれば,**10～20代のゲーム利用者のうち,7％が授業中や仕事中にもゲームを続けているなど,一部に依存症状がみられたことがわかりました。**

仕事中や授業中でもゲームを続ける!?
ちょっと考えられないですけど……。

中には,学業に悪影響が出たり,仕事に支障が出たり,職を失ったりしてもゲームを続けたと回答した人が**5.7％**いました。ここまでくると診断のつくレベルの依存症(ゲーム障害)になります。

自分の生活に支障が出ていることがわかっているのに続けてしまうというのは,まさに依存症ですね。

実際,ゲーム障害は**金銭問題**にも影響をあたえています。たとえば,調査では,ゲーム機・ソフト購入や課金などでお金を使いすぎ,重大な問題になっても続けたと答えた人は**3.1％**いることがわかっています。

ゲーム障害は,行為依存症の一つということですが,ギャンブル依存症に近いのでしょうか?

ゲーム障害がどのように脳に影響をあたえるのかということについては,さまざまな論文が発表されています。

それらを総合すると,オンラインゲームでも,アルコール依存症やギャンブル依存症と同じように,脳の報酬系が過剰に刺激されることがわかっています。

> **ポイント！**
>
> ゲーム障害
>   ゲームに熱中し,利用時間をコントロールできなくなり,生活に支障が出ているにもかかわらず,やめることができなくなる。
>
> ゲーム障害の診断基準
> ①ゲームの時間や頻度を自ら制御できない。
> ②ゲームを最優先する。
> ③問題がおきているのに続ける状態が12か月以上続き,社会生活に重大な支障が出ている。

中高生をむしばむ「インターネット依存」

2022年の総務省の調査結果[※1]によると，日本における個人のスマートフォン保有率は**77.3%**で，世帯での保有率は**90.1%**にものぼります。
また，個人のインターネット（ネット）利用率は**84.9%**で，13歳〜59歳では9割を上まわり，ほぼ100%といってよい状況です。

今や仕事でネットは不可欠ですからね。ネットがないと報告書一つ書けませんよ。

主な情報通信機器の保有状況（世帯）
（平成25年〜令和4年）

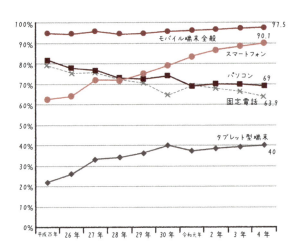

（注）当該比率は，各年の世帯全体における各情報通信機器の保有割合を示す。（複数回答）
「モバイル端末全体」の令和2年以前はPHSを含む。

※1：総務省「通信利用動向調査」
　　 https://www.soumu.go.jp/johotsusintokei/statistics/data/230529_1.pdf

そうかもしれませんね。そのネット利用の手段としては，先ほどお話ししたスマートフォンが63.3%で1位となっており，2位のパソコン（50.4%）を大きく上まわっています。
今や，スマートフォンでインターネットを利用することは，ごく日常的な行為なのです。

スマートフォンはいつでもどこでも簡単に使えますからね。持ち運び用にノートパソコンやタブレットもありますけど，ちょっとしたことならスマートフォンの方が全然便利ですね。

モバイル端末の保有状況（個人）
（平成30年〜令和4年）

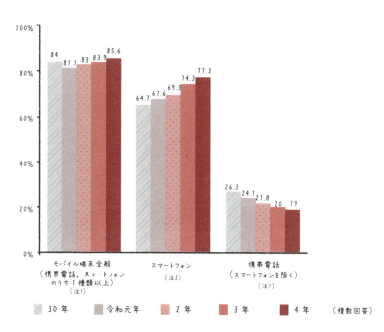

（注1）「モバイル端末全体」及び「携帯電話（スマートフォンを除く）」の令和2年以前はPHSを含む。
（注2）「スマートフォン」の令和2年以前は5G端末を含まない。

そうですね。いつでもどこでもインターネットにつながってニュースや動画を見て，SNSで友人とつながり，ゲームもできる……。先ほど，スマートフォンでのオンラインゲーム依存が「ゲーム障害」という診断名として認定されたとお話ししました。
しかし，正式な診断名ではないものの，インターネットやスマートフォンへの依存も大きな問題になっているのです。

確かに私もスマートフォンは手放せませんけど，さすがに社会生活は送れているしなぁ……。

インターネットやスマートフォンへの依存は，SNSやゲームをすることが最優先になって，社会生活が普通に送れなくなる状態を指して言われます。
インターネット依存外来を受診する人には，先ほどお話ししたスマートフォンでのゲームに依存する人の割合が大きいですが，それだけではなく，SNSや動画，電子コミックなど，インターネットで提供されている複数のコンテンツにはまっている人が多いといいます。

本当にいろいろなコンテンツがありますからねえ。

そうなんです。そこで問題になっているのが，未成年者のスマートフォンへの依存の増加です。
先ほどの統計からわかるように，スマートフォンを使う年代は未成年者が多いのです。未成年者は，基本的に酒を飲んだりたばこを吸ったりすることはないため，そもそも依存になる可能性は高くはありません。

しかし，スマートフォンは広く普及しており，使用に厳密な年齢制限があるわけでもありません。そのため，多くの未成年者がスマートフォン依存になっているといわれているのです。

今は小学生もスマートフォンを持っていますからね……。

実際，**インターネット依存外来を受診する人の約8割が中高生や大学生だといいます。**最も多いのは中学生と高校生で，大学生はもちろん，小学生も受診することがあるそうです。

小学生で"依存"ですか。それは確かに心配ですね！

東京都内の高校生約1万5000人を対象にした，スマートフォンの利用状況に関する総務省の調査が2014年におこなわれました。[※2] その結果，男子高校生の **3.9%**，女子高校生の **5.2%** において，インターネット依存（スマートフォン依存を含む）の傾向が高いことが明らかになっています。
1クラス40人（男女20人ずつ）とすれば，インターネット依存の可能性が高い生徒が，男女それぞれ1人前後いる計算になります。

ネット依存の子が各クラスに2〜3人いるということですか……。

※2：総務省「高校生のスマートフォン・アプリ利用とネット依存傾向に関する調査報告書」
https://www.soumu.go.jp/menu_news/s-news/01iicp01_02000020.html

高校生のインターネット依存調査

2014年に東京都立高校に在籍する高校生に対して行われたスマートフォン利用状況に関する調査結果の中から、いくつかを抜粋して紹介する。右ページの円グラフは、男女別にインターネット依存傾向を3段階で示したもの。依存傾向の高さは、以下の20項目の質問への回答を点数化したうえで判定される。右ページ下の棒グラフは、スマートフォン利用の日常生活への影響をたずねた質問の結果を示したもの。

インターネット依存尺度・調査質問項目

1. 気がつくと、思っていたより長い時間インターネットをしていることがある
2. インターネットを長く利用していたために、家庭での役割や家事（炊事、掃除、洗濯など）をおろそかにすることがある
3. 家族や友だちとすごすよりも、インターネットを利用したいと思うことがある
4. インターネットで新しく知り合いをつくることがある
5. まわりの人から、インターネットを利用する時間や回数について文句をいわれたことがある
6. インターネットをしている時間が長くて、学校の成績が下がっている
7. インターネットが原因で、勉強の能率に悪影響が出ることがある
8. ほかにやらなければならないことがあっても、まず先にソーシャルメディア（LINE、Facebookなど）やメールをチェックすることがある
9. 人にインターネットで何をしているのか聞かれたとき、いいわけをしたり、かくそうとしたりすることがある
10. 日々の生活の問題から気をそらすために、インターネットで時間をすごすことがある
11. 気がつけば、また次のインターネット利用を楽しみにしていることがある
12. インターネットのない生活は、退屈で、むなしく、わびしいだろうと不安に思うことがある
13. インターネットをしている最中に誰かに邪魔をされると、いらいらしたり、怒ったり、言い返したりすることがある
14. 夜遅くまでインターネットをすることが原因で、睡眠時間が短くなっている
15. インターネットをしていないときでも、インターネットのことを考えてぼんやりしたり、インターネットをしているところを空想したりすることがある
16. インターネットをしているとき「あと数分だけ」と自分でいいわけしていることがある
17. インターネットをする時間や頻度を減らそうとしても、できないことがある
18. インターネットをしている時間や回数を、人にかくそうとすることがある
19. 誰かと外出するより、インターネットを利用することを選ぶことがある
20. インターネットをしているときは何ともないが、インターネットをしていないときはいらいらしたり、ゆううつな気持ちになったりする

【インターネット依存傾向の高さ】

アメリカの心理学者キンバリー・ヤング博士が提唱し、世界的に広く用いられている方法を元に左の質問への回答を点数化して判定

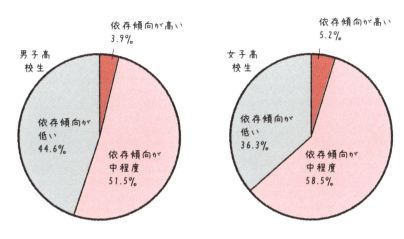

【日常生活への影響】

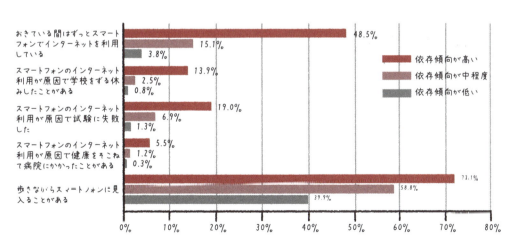

インターネット依存の心理状態「FOMO」

スマートフォン依存でみられる症状は、アルコールやたばこ、ギャンブルなどのほかの依存でみられる症状、すなわち、「耐性」、「離脱」、「渇望」という三つの症状と共通点が多いとされています。
この三つの症状の悪循環によって、依存は悪化していきます。

耐性がつき、ゲームができないと禁断症状が出てしまって、それがいやでまたゲームに逃げてしまうというわけですね。

そう考えられています。
アルコール依存の場合は、手がふるえたり、汗が止まらなくなったりという身体症状が出ることもありますが、スマートフォン依存の場合は基本的にイライラや不安などの精神症状となってあらわれます。スマートフォンを使わないでいると不安になる理由について、FOMO（フォーモ）という心理が関係しているという指摘があります。

ふぉーも？ 何ですか、それは？

FOMOは「Fear Of Missing Out」の頭文字をとって並べたもので、「取り残される恐怖」という意味です。

取り残される恐怖！？

これは主にSNSにおいて、**自分がスマートフォンをチェックしていないあいだに何か面白い情報が出てきて、話題に取り残されるのではないかという不安に襲われる心理のことです。**

このFOMOという心理状態によって、数分前にSNSをチェックしたばかりなのに、ついスマートフォンに手がのびてしまうことになるのです。

> **ポイント！**
>
> FOMO（Fear of Missing out）
> ＝ 取り残される恐怖
>
> スマートフォン依存では、SNSやインターネットをチェックしていないと、話題に取り残されるのではないかという不安に襲われる心理のこと。

なるほど……。私も学生時代に、クラスの中で流行っているドラマの話題についていけないときとか、焦ってましたねえ。学生にとっては学校やクラスが世界のすべてみたいなものだから、流行や話題に乗り遅れるっていうのは、恐怖なのかもなぁ。

2時間目　誰もがなりうる「依存症」

そうですよね。
また，渇望は，依存している物質や行為で得られる快感をふたたび得たいと強く望む心理状態だとお話ししました。薬物の場合，その薬物で得られる快感が対象になりますが，**スマートフォン依存では，SNSでたくさんの「いいね」がついたり，ゲームで強い敵を倒せたりしたときに味わった楽しさなどが対象になります。**こうした快感をもう一度感じたいと思い，頭の中がSNSやゲームでいっぱいになってしまうのです。

わかりますね。自分の発言やアップした写真にいいねがたくさんついたら，ちょっとテンションが上がりますもん。

そうなると，どうすればもう一度できるかをつねに考えるようになり，たとえば授業中にこっそり机の下でスマートフォンを使おうか，スマートフォンを持ってトイレに行こうか，などと考えてしまうわけです。

そうして学校などでの生活に支障が出てくるようになるのかぁ。

そして耐性がついてしまうわけですね。
薬物依存の場合は，薬物の快感に慣れて，通常の量では足りずにどんどん量が増えていきますが，ゲーム障害の場合，プレイ時間が長くなることに相当します。**最初は30分でも十分に面白かったのに，それでは飽き足らなくなり，5時間も6時間も，ずっと遊び続けるようになります。**

5時間も6時間も……！

依存症のサイクルと同じで，耐性，離脱，渇望がつくりだす悪循環によって，どんどんスマートフォンの使用頻度は高く，使用時間は長くなっていき，ついにはやるべき勉強や仕事もせず，睡眠時間すらもけずりながらもスマートフォンを使い続けしまうという，依存状態に至ってしまうわけです。

高校生や大学生といった，将来に向けての基礎固めの最終段階でそんなことになったら，大変です！

高校生や大学生だけではありません。小学生がスマートフォンのゲームにはまり，ゲーム内の有料アイテムに何百万円も課金した例もあります。

小学生が何百万も課金！？

はい。そして，依存になっていることをかくすために親にスマートフォンの使用を否認したり，SNSやゲーム以外のことに興味がもてなくなったりするのも，依存におちいった人の典型的な症状といえます。

薬物依存やアルコール依存では，うそをつくようになるのも症状の一つでしたね。スマートフォンって，おおげさかもしれませんが，薬物と同じようなものだと考えてもよさそうですね。

依存症の治療は,"回復を続けていく"こと

スマートフォン依存になってしまったら,どのような治療がおこなわれるのでしょうか?

そうですね,まず依存の背景となるうつ病や強迫症などの,他の精神疾患,3時間目でお話しする神経発達症(知的能力障害や発達障害)などがあるかどうかを診察し,もしあれば,それらの対応や支援をふまえた上でおこなわれます。

依存症は,その裏には心の病が隠れていることが多いのでしたね。

そうです。しかし,特にそれらの疾患が見当たらない場合は,基本的に**生活指導**や**心理療法**などがおこなわれます。
たとえば,現在はスマートフォンで何をどれだけ利用しているかを記録することができる**アプリ**などがあります。自分がどのくらいスマートフォンを使っているのかを通知してくれたり,上限時間を設定すると,残り時間を知らせてくれるなどの機能があります。
こうしたアプリを使用することで,**使用状況の可視化**が可能になります。

まずは使用状況の可視化が重要なんですね。

そうですね。自分がどれぐらいスマートフォンを見続けているのかを把握して、自ら知ることが大切です。
また、医師は、スマートフォン使用状況を見ることで、適切な使用方法を指導することができます。受診者が未成年の場合は、親や家族への指導や、情報共有もとても重要になります。

親や家族には、どのような指導をおこなうのですか？

まず、スマートフォン依存症の人への対応として、スマートフォンを取り上げたり、無理矢理やめさせたりするのは逆効果になります。家族といえども、勝手にスマートフォンを取り上げれば信用問題につながりますし、無理に取り上げたことで、親への暴力に発展してしまったり、スマートフォンがないことで不安が募り、状況がさらに悪化するおそれがあります。

家族の対応もむずかしいですね。確かに、依存症は周囲も巻き込むことも大きな特徴でしたね。

その通りです。また，治療をはじめたからといって，すぐにスマートフォンへの依存が治るわけではありません。たとえ使用時間の短縮がわずかだったとしても，ちゃんと治療が進んでいることをほめて，本人を認めてあげることが大切です。

本人だってつらいんですもんね。でも先生，最終的には完全にスマートフォンを絶つわけですか？　今のご時世では，スマートフォンは"生活必需品"ですし，一切絶つなんて無理なのではないでしょうか。

まさにその通りです。スマートフォン依存症の症状は，麻薬や覚醒剤，アルコールなどの依存症と共通しているとお話ししました。たとえばドラッグなどはそもそも違法であるため，最終的に使用をゼロにすることがゴールとなりますよね。でもアルコールやたばこは違法ではありませんし，スマートフォンもそうです。
そのため，最近は完全に絶つことをめざすのではなく，心身や生活に支障がない量まで減らすことをめざす場合が多くなっています。

ちょっとやわらかいんですね。

以前は，たとえばアルコールなどは完全に断酒することがゴールでした。そのため，治療へのプレシャーからまた飲酒をはじめてしまうなどの逆効果もみられたのです。そのため，**現在では完全に絶つことを目指すのではなく，生活や健康に支障がないくらいの"ほどほど"を目指す治療に変わりつつあります。**

こうした方針のプログラムや支援，政策を**ハームリダクション**といいます。

そうなんですね！　確かに，"ほどほど"なのが現実的だし，自然な気がします。

> **ポイント！**
>
> ハームリダクション
> 　依存の対象を完全に絶つのではなく，生活に支障が出ない程度の量まで減らすことを目的としたプログラムや支援，政策のこと。

そのため，**スマートフォン依存も，決められた時間・状況で使用できるようになることが回復の目標になります。**

なるほど。とはいっても，依存は再発がおこりやすいですよね。決められた時間や状況で使用できるようになったとしても，またまたスマートフォン依存が再発するおそれはありませんか？

確かに,依存症は一般的に再発率が非常に高い精神疾患です。そのため,**依存症は基本的に「完治」はしない人も多く,一生つきあっていく(回復を続けることをめざす)と考えておくものだといわれています。**

一生付き合っていくんですね……。

そう考えておいた方がよいようです。ほかの依存症と同じく,スマートフォン依存の場合も,どうしても一定数は再発してしまうといわれています。
しかし,だからこそ,再発しても勇気を出して支援を求め続けることが大切です。また,周囲も使っていること自体を責めたりせずに,一生の付き合いだという認識をもって徐々に生活に支障のない状態にまで回復していくことを見守っていくことが大切です。

そうなんですね。「完治はしないが,一生付き合っていく」っていう言葉には救われる部分もありますが……。あらためて,依存症ってむずかしい病気なんですね。
周囲の理解がとても重要だということもわかりました。しかし,スマートフォンを小学生に持たせるのは,かなり心配だなあとあらためて思いました。

2 時間目

誰もがなりうる「依存症」

3 時間目

脳の特性 「発達障害」

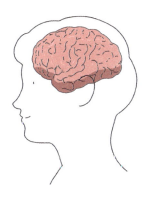

STEP 1

 発達障害とは？

社会的に広く知られるようになった発達障害。近年では、病気というより個人の「脳の特性」というとらえ方が一般的です。発達障害に対する正しい理解を身につけましょう。

発達障害は三つに分かれる

 この3時間目のテーマは、**発達障害**です。

 発達障害って、最近テレビや本などでよく取り上げられていますよね。
でも、よく聞くようになった割には、発達障害についてあまり知りません。いったい発達障害って何なんですか？

 簡単にいえば、**発達障害とは、生まれつき脳神経系の発達の仕方が通常とことなるために、生活の中に困難が生じることがある状態を指して言うことが多いです。**

 生まれつき脳神経系の発達の仕方が通常とはことなる……。これも精神の病気ということなんでしょうか？

アメリカ精神医学会の診断基準DSM-5では，知的能力障害とともに**神経発達症**というカテゴリーに含まれています。

主に日本で用いられる「発達障害」という言葉は，**生まれつきの特性**であるというとらえ方が近年では一般的です。そして，生活に支障をきたす重症な状態になった場合にのみ，支援のために医療や福祉の現場などで診断をつけることになります。2時間目の「依存症」と同様に，その境目をはっきりさせるのは困難だと考えられており，次第に重症に移行していくスペクトラムであると考えられています。

> **ポイント！**
>
> **発達障害とは**
> 生まれつき脳神経系の発達の仕方が通常とことなることで，生活に支障が生じることがある状態。その人の生まれつきの特性であるというとらえ方が一般的。

生まれつきの特性かぁ。
DSM-5には含まれているけど，発達障害は特性としてとらえる，という考えが主流なんですね。
具体的に発達障害は，どういう症状が出るものなんでしょうか？

一口に発達障害といっても，その症状は人によってさまざまです。
主な発達障害としては大きく三つのタイプがあります。
「自閉スペクトラム症（ASD）」「注意欠如多動症（ADHD）」「限局性学習症（学習障害）（LD）」です。 どれに該当するかによって，症状はまったくことなります。このうち，特に診断を受けることが多いのは，ASD と ADHD だといわれています。

そういえば，テレビのドキュメンタリー番組の中でADHDの人が登場していました。
ASDやADHDって何なのでしょうか？

では，ここで簡単に発達障害のそれぞれのタイプについて紹介しましょう。くわしくはSTEP2以降にそれぞれお話ししますね。
まず一つ目は，自閉スペクトラム症（ASD）です。
ASDには大きく二つの特徴があります。
第一の特徴が，対人関係やコミュニケーションが苦手なことです。

コミュニケーションが苦手……。
具体的にはどういうことでしょう？

たとえば，相手の言葉などに反応するものの，表情や目線などから，相手の真意を読み取れないことがあります。そのため「空気が読めない」といわれてしまうこともあります。

相手が思っていることを推測したりすることが苦手なんですね。
第二の特徴は？

ASDの特徴

A. 対人コミュニケーションの障害
・視線や表情による意思疎通が苦手
・言葉の表面的な意味にとらわれやすい

B. 反復的な行動パターン
・興味と行動のかたより、こだわりがある
・聴覚や皮膚などの感覚が過敏

第二の特徴は,「限定的で反復的な行動や興味」です。
外出時の目的地までの道順や物の配置場所など特定の対象へのこだわり, 反復的でぎこちない動きなどの特性があります。

対人関係が苦手, こだわりが強いということがASDの特徴かぁ。確かに, 社会生活の中で困難に遭遇することが多くあるかもしれませんね。

さてASDの次は, 注意欠如多動症（ADHD）です。これは物をなくすなどの不注意や, じっとしていられないなどの多動が主にみられる発達障害です。ADHDはASDよりも多く, 子どもの5〜10%がADHDだという報告もあります。

そんなに多いんですか！
ちょっとおどろきました。
私のまわりにそれほど多くADHDに悩んでいる人がいるとは思えないのですが, ADHDは大人になると治るということなんでしょうか？

確かに大人になるにつれて本人の努力などによって症状がおさまっていくように見えることもあります。
しかし特性と考えられるので加齢とともに根本的に改善されるわけではないと言われています。

年齢を重ねるにつれて, 特性をうまくカバーするワザをだんだんと身につけていく人もいるけれど, 特性自体がなくなるわけではないんですね。

さて、三つ目は**限局性学習症（学習障害）（LD）**です。
知能の遅れはないものの、「読む」「書く」「計算する」などの学習が苦手な特性をもっています。

たとえば,「識字障害」はLDの一つで,字を読むことが困難といった症状がみられます。

主な発達障害はASD, ADHD, LDの三つですね。症状はそれぞれで全然ちがうんですね。

ええ,ただしこれら三つの発達障害の特性は,複雑に重なり合って,症状が併発している場合が一般的です。

併発ですか。複雑ですね……。

そうですね。
なお本書では**発達障害**という言葉を使っていますが,アメリカ精神医学会が制定している**DSM-5**では,知的能力障害と発達障害は**神経発達症群**と表現されています。
また最近では,精神疾患の診断名に「障害」という言葉は使わず,**症**という言葉を使うように推奨されています。

> **ポイント！**
>
> ## 発達障害の3タイプ
>
> **自閉スペクトラム症（ASD）**
> 　人とのコミュニケーションが苦手，限定的で反復的な行動や興味を示すといった特徴が見られる。
>
> **注意欠如多動症（ADHD）**
> 　不注意や多動，衝動といった特徴がみられ，一つのことに集中するのがむずかしい。
>
> **限局性学習症（学習障害）（LD）**
> 　「読む」「書く」「計算する」などの学習が苦手。

10人に1人は発達障害かもしれない

先生,発達障害ってどれくらいめずらしいものなんでしょうか?

アメリカ疾病予防管理センター(CDC)が2022年3月に発表したデータを紹介しましょう。
これによると,2018年時点で,アメリカ国内の8歳の子どもは**44人に1人**の割合で発達障害の一つである**自閉スペクトラム症(ASD)**の症状があらわれているそうです。
ここから**有病率**は約2.3%と計算できます。

有病率?

有病率とは,ある時点でその病気を有している人の割合です。

ふむふむ。
2.3%ってけっこう多い気がしますね。
特に最近,発達障害ってよく聞くようになりましたけど,有病率は上がっているんでしょうか?

データ上では有病率は上昇しています。
2018年ではASDの症状を示す8歳の子どもは,**44人に1人**(有病率約2.3%)でしたが,調査を開始した2000年には**150人に1人**(有病率約0.67%)でした。

ASDの頻度

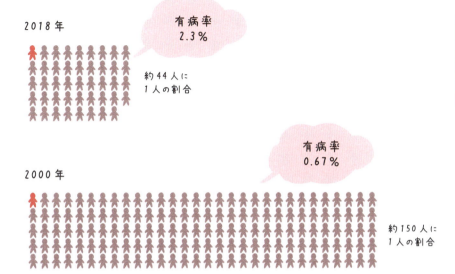

つまり，ASDの有病率は，18年間でおよそ**3.5倍**にもなっているのです。

18年間で3.5倍!?
じゃあ，ADHDはどうなんですか？

ADHDの有病率は，CDCの調査によれば，2016〜2019年の8歳の子どもの有病率は**6.0％**です。
2003年の有病率は**4.4％**でしたから，ADHDの有病率の割合も増えていることになりますね。

うーむ……，ということは，発達障害というのは年々，大幅に増加しているっていうことですか？　大変なことではないんですか？

確かにCDCのデータを見ると，発達障害の症状を抱えている人が増えた，という印象をもつかもしれません。**しかし，国際的に発達障害の有病率がほんとうに増加しているかどうかは，まだ結論が出ていません。**

なぜでしょうか？

最も大きな理由は，国際的かつ大規模な**疫学調査**が行われていないためです。
また，2013年に改定されたDSM-5では，ASDを症状の軽い状態から重い状態までを連続（スペクトラム）でとらえると診断基準が変化しています。このような診断基準の変化が，発達障害が増えている原因の一つと考えられることもあります。
しかし，ASDの人の増加はDSM-5の改定前から増えているとのデータもあり，正確な調査が待たれているのが現状なのです。

なるほど。以前は，発達障害だと診断されなかった人も診断されるようになった可能性も考えられるわけですね。発達障害が本当に増加しているのかは，はっきりとしたことは現時点ではいえなさそうですね。
ところで，この調査結果はアメリカのものですよね。日本での発達障害の有病率はどれくらいなんでしょうか？

実は日本ではDSM-5による全国的な疫学調査は行われておらず，発達障害の正確な割合はわかっていませんが，2020年5月に発表された，弘前市の全5歳児を対象とした弘前大学による疫学調査があります。
これは全国調査ではありませんが，DSM-5の診断基準に即した国内初の疫学調査です。

結果はどうだったんでしょう？

調査の結果，ASDの粗有病率は **1.73％** でした。発達健診を受けていない子どもを統計的に調整したあとのASD有病率は，**3.22％** と発表されています。

3.22％ということは，アメリカのASD有病率より高いわけですね……。

確かにそう感じるかもしれませんが，日本の方がASDが多いと断言はできません。
CDCのASD調査は11の州で行われ，平均すると有病率は2.3％ですが，調査地域によって有病率に差がありました。
また調査は教育記録をもとに行われているため，教育記録へのアクセス制限が厳しいと有病者数は少なく推定されます。このため，日本の有病率のほうが高いとはいい切れないのです。

アメリカと日本では，差があるといえるほどの結果は得られていないんですね。
日本での発達障害の増加についてはどうでしょうか？

弘前大学では2013年から弘前市の全5歳児に対し，5歳児発達健診を実施しています。
この健診による統計調査によると，2013年から2016年までの間で，ASDの有病率に増加がないと報告されています。

そうなんだ！

しかし一方で，2021年に発表された，信州大学で行われた健康保険請求のための全国データベースを使った研究※では，2009〜2019年にかけ，ASD診断の頻度が日本でも増加していることが示されています。
こちらは，時期的にもアメリカのCDCの調査結果などと一致する結果だといえるでしょう。

ASD診断の頻度が増えているのは，どういう理由が考えられるんでしょうか？

日本では2005年に発達障害者支援法が施行されたことで，医療従事者のみならず教育者，保健，福祉関係者にも発達障害の知識が広まりました。
かつては「コミュニケーションが苦手な子」などと判断されていた子どもたちが，発達障害ではないかと考えられるようになり，診断を受けるケースが増えている可能性があります。

そういう背景もあるのか。
ADHDのほうはどうなんでしょうか？

※：Sasayama D, Kuge R, Toibana Y, Honda H：Trends in Autism Spectrum Disorder Diagnoses in Japan, 2009 to 2019. JAMA Netw Open, 4：e219234, 2021

ADHDの疾病率は，CDCの調査では**9.8％**で，日本も同じように**約1割**の人に症状が出ていると考えられています。このうちの6割から8割がそのまま発達障害の症状を抱えて大人になり，いわゆる**大人の発達障害**として表面化するといわれています。

ADHDに関していえば，およそ**10人に1人が発達障害**といえるんですね。
そう考えると，発達障害は決してめずらしいわけではないことがわかります。

大人になってはじめて気づくこともある

先生，発達障害って，子どもに多いイメージがあったのですが，発達障害を抱えたまま大人になることも多いのですね。

ええ。ADHDの症状は成人になるにつれ症状がおさまるように見えることから，かつては子どもに特有の発達障害だと考えられていた時期もありました。
しかし実際は大人も，本人や周囲の努力で症状が表面化していないだけという場合が少なくありません。

大人になったら治るわけではなく，本人たちが表面化しないようにがんばっているから気づかれにくいんですね。
子どものときはかくれていた発達障害が，どういうときに表面化するんでしょうか？

発達障害の特性が表面化するのは，生活の環境や仕事で求められる役割が変わったときが多いといわれています。
たとえば新入社員のときにはあまり会話をせず，ひたすら真面目に仕事に打ち込んでいた人がいるとします。ところが**キャリアアップ**して，求められる役割が変わると問題がおきます。

どういう問題がおきるんでしょう？

それまでは積極的にコミュニケーションをとる必要がない立場だったのに，管理職になると，部下や周囲との**コミュニケーション不足**を指摘されることがあります。そこで空気が読めないといった自分の特性が強く出て，はじめて発達障害であることがわかるというわけですね。

確かに管理職になると，部下のマネージメントが必要になりますからね。

また，ADHDの**不注意**の特性を抱えている人の場合は，本人のサポートをしていた周囲の人が異動などの理由でいなくなってしまい，それがきっかけで特性が表面化するというケースもあります。
大人になってから発達障害の受診をするADHDの症状を抱える人は，ASDの症状を抱える人の**5倍以上**いるともいわれているんですよ。

大人の発達障害は決してめずらしいわけではないのですね。

そうなんです。
学校と家庭という限定された環境や，限られた人との交流が中心である学生時代では問題にならなくても，社会人になって仕事をするようになったり，人との交流が増えてさまざまな人とつながりをもったり，会社の中で責任を持つ立場になったりして，はじめて発達障害とわかる場合があるのです。

具体的に，そうした事例はあるのですか？

たとえば，ある人は子どものころ，相手によって言葉を選ぶことができず，ささいなことで同級生と衝突していました。しかし得意な数学と理科を活かして大学院を修了し，**大手企業に就職**します。
ところが職場で上司や同僚の意図をうまくくみ取れず，関係が悪化し，孤立してしまいます。結局，産業医からすすめられて専門外来を受診し，**ASD**であるという診断を受けることになったのです。

学力は高くて大手に就職できたけど，仕事をはじめると，人間関係が苦手な特性が表面化してしまったんですね。

ADHDの場合も，**社交性に問題がない人は孤立しませんが，スケジュールが守れず約束を破ったり，会話で一方的に話し続けたりして，周囲との関係を悪化させることもあります。**また複数の仕事を並行できずに，十分に能力を発揮できないことも少なくありません。

確かに,毎回遅刻されたり,一方的に話し続けられたりしたら,まわりの人もいい気はしないかも……。

子どもをもってはじめて,自分が発達障害だと気づく場合もあります。
子どもに多動の傾向があり,インターネットなどで調べていくうちに,自分もADHDの症状にあてはまることに気づくケースなどです。

子どものことを調べていくうちに,自分の症状に気づくパターンですね。

ええ。**いずれにせよ,「大人の発達障害」は大人になってから発症するものではありません。**
就職や結婚,子育てなどさまざまなきっかけによって問題が表面化し,病院を受診して発達障害だと診断されることが多いのです。

ポイント!

大人の発達障害
環境の変化などがきっかけで大人になって気づく発達障害。大人になってから発症するものではない。

発達障害は脳神経系の発達の仕方と関連がある

発達障害の原因はわかっているのでしょうか？

実は、なぜ発達障害の特性があらわれるのか、はっきりとはわかっていません。
かつては、発達障害の原因は、子どもの育て方や心の問題だと考えられがちでした。
しかし発達障害、特にADHDは20世紀半ばごろから**脳**との関連性が疑われていました。その後、発達障害の人の脳の解剖や脳画像の研究や脳の機能活動を画像化できる**fMRI（磁気共鳴機能画像法）**の導入により、発達障害の人の脳の状態が次第にわかってきています。

えふえむあーるあい？

体の断層画像を撮影する「MRI（核磁気共鳴画像法）」の技術を応用し、脳血流の変化を捉えて脳の活動のようすを可視化する方法のことです。

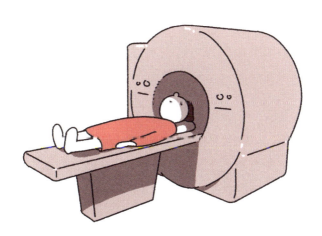

脳の活動を可視化するなんて，すごい装置ですね！

fMRIにより，以前は子どもの育て方や心の問題と考えられがちだった発達障害の原因が，脳の機能がバランスのよいはたらきをしていないためということがわかってきました。

育て方や心の問題といわれたら，本人も家族も悩みますよね。でも，そうではない，というわけですね。

そのようなのです。
発達障害の原因は，生まれつき脳神経系の発達の仕方が，普通の人と比較すると，少しことなっていることだと考えられます。
そのため得意なところと不得意なところが普通に発達した人とくらべて，極端に出てしまうことがあるのです。

発達障害の人の方が得意なこともあるんですか？

はい。**発達障害の症状を抱えている人の中には，見たものを一瞬で記憶するなど，普通の脳にはないすぐれた機能があらわれる場合があります。**
しかしその一方で，一般の社会生活を送る上で，必要な機能が十分でない場合もあるのです。このように，脳神経系の発達の**かたより**が，発達障害の特性をつくっているといえるでしょう。

発達障害かどうか，どうやって診断されるんでしょうか？ 脳の発達のかたよりなんて，調べるのむずかしそう……。

通常はまず，専門の医療機関にて，本人や親への問診があります。そして，本人とのさまざまな場面での関わりを通したふるまいの観察と，いろいろな検査が行われるんです。
こうして問診や観察，検査などから得られた情報をもとに，症状の組み合わせや時間経過など，さまざまな条件により診断されています。

いろんな情報から，総合的に診断されるんですね。

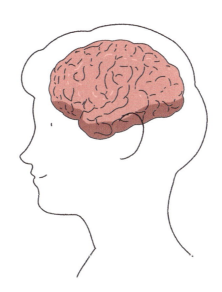

STEP 2 コミュニケーションが苦手な自閉スペクトラム症（ASD）

自閉スペクトラム症（ASD）には相手の気持ちの理解が苦手だったり，一貫性を求めることが強かったりする症状があります。ASDについて，くわしく見ていきましょう。

ASDの症状は大きく分けて二つある

ではここから，具体的に発達障害のそれぞれのタイプについて，説明していきましょう。
まず，このSTEP1では，**ASD**について取り上げましょう。

ASDは，たしか**コミュニケーション**が苦手なんでしたよね。

ええ。**ASDは，社会生活や対人関係などに困難がともなう発達障害です。**
まず，相手の考えていることを，適切に理解できないことがあります。また，自分の考えていることや感じていることを誤解なく伝えるのも苦手です。このため，**意思の疎通**がうまくはかれず，日常活動にさまざまな問題がおきることがあります。
さらに，いろいろなことに固執したり，ある事がらが頭からはなれずに困るようなことも，しばしばみられます。

具体的に，どういう特徴がみられると，ASDと診断されるんでしょうか？

3歳ごろまでに，次の**二つの症状**がすべてあらわれると診断のつくレベルのASDであるとされることが多いです。まず一つ目は**人とのコミュニケーションの問題**です。

対人コミュニケーションの問題

対人コミュニケーションの問題は，大きく分けて二つの特性があります。第1に他人と社会的な場面でコミュニケーションをとって相互関係をもつことが苦手なことです。ここには非言語的な相互関係も含まれます。たとえば，視線や表情による意思疎通などです。第2に表面的な言語の意味にとらわれやすいなどのコミュニケーションの質的な問題を抱えることがあります。これらは発達していく過程で，特性があらわれていきます。

目線を合わせない，スーパーの中で突然大声を出して走りだす，などの症状に加え，言葉の発達に遅れがある，特定の言葉をくりかえす，家に帰ってきたときに「ただいま」ではなく「おかえり」といってしまう，などの例があります。

ふぅむ。
もう一つの症状というのは？

二つ目は**活動や興味の極端なかたより，同じ行動の反復**です。

反復的・くりかえしの行動パターン

独特な考え方や何度もくりかえす行動パターンのことです。反復的・くりかえしの行動パターンは，本人にとってとても重要です。こだわりを妨害されることでパニックになってしまったり，感情を爆発させてしまったりする人もいます。

 かたくなに同じ道順を通ろうとする，時刻表やカレンダーに強く興味をもって丸暗記してしまう，などがその例です。

 こだわりが強いということでしょうか？

 一般的な言い方だと，そうとも言えますね。
反復的・くりかえしの行動パターンは，本人にとってとても重要です。そうした一貫性を妨害されることで**パニック**になってしまったり，**感情を爆発**させてしまったりする人もいます。

> **ポイント！**
>
> ## ASDの二つの症状
>
> ・人とのコミュニケーションの問題
>
> 会話の文脈に関係なく唐突な発言をしやすいため、周囲からは「空気が読めない」といわれることもある。また、相手の表情やしぐさなどの非言語的なメッセージを適切に理解することも苦手。
>
> ・活動や興味の極端なかたより、同じ行動の反復
>
> 外出時の目的地までの道順や、物の配置場所など、特定の対象へのこだわりが強かったり、手や指をバタバタするなど反復的で機械的な動きをしたりしがち。

ふーむ。

ただし、一口にASDといっても、その症状の程度や特徴は実にさまざまです。
ASDの子どもは、集団生活では周囲から浮きやすく、いじめの標的になってしまうこともあります。

ASDは薬などで治すことはできないんでしょうか？

残念ながら現時点ではASDを治す特効薬は存在していません。

うぅむ。

しかしながら，脳の発達によって年齢とともにASDの特性は緩和される可能性があることもわかっています。
このため，子どものころは，特性が強く出ていて，社会生活に支障をきたしていた人も，ある程度，年齢を経ていくと自分の特性を周囲の環境に合わせて調整することも可能になることもあります。

なるほど。大人になるにつれて，対処できるようになると。うまく自分の特性と付き合っていくためには，どうすればよいでしょうか？

そうですね。
まずはみずからの特性を知ることが重要になってきます。日常生活で困難に直面することが多いことや苦手だと感じることが多い人にとって，自分にはこのような特性があると理解して，長所を活かしたり，足りないところを補ったりするのはとても重要なことです。

まずは自分を知ることからですね。

ええ。本人や周囲の人が特性を理解できないと，失敗や衝突が生まれます。こうしてしまうと本人の自尊心だけでなく，周囲との関係もうまくいかなくなります。
そうした問題に発展しないように，自分の特性を理解して，普段から困ったら人に相談できる環境を整えておくことが大切です。

男の子の有病率は女の子の約2倍

STEP1でも紹介しましたが、アメリカ疾病予防管理センター（CDC）が調査した2018年の推計によれば、**44人に1人（約2.3%）** の子どもがASDと診断されています。また、2013年からおこなわれている弘前大学の調査によると、弘前市のASD粗有病率（地域で診断された人÷地域に住んでいる人）は**1.73%** でした。さらに、診断されていない人を統計的に考慮した調整有病率は**3.22%** です。

ということは、100人中、3～4人がASDってことになりますね。

そうですね。**ただし、男児と女児では、ASDの有病率に大きなちがいがあります。** 先ほどの弘前大学の調査によると、男児の粗有病率は2.35%（1.76-2.94%）、女児1.09%（0.68-1.51%）でした。さらに、診断されていない人も含めて推定した調整有病率は**男児4.06%**（3.20-4.92%）、**女児2.22%**（1.57-2.88%）でした。調査をおこなった研究チームは、ここから男女の比率を**1.83：1** と推定しています。

2倍近く男の子の有病率が高いんですね。

そうなんです。これは日本に限った話ではありません。一般に、男性と女性のASDの比率は**4：1** ほどだといわれています。

なぜ男女でそこまでちがうんでしょうか？

それはよくわかっていません。
そもそも，本当に男児と女児でASDの発生のしやすさに差があるのかどうか，明らかではないのです。男女の性差が影響している可能性もありますが，単に女児のASDが多く見逃されているだけという可能性もあります。

自閉症とアスペルガー症候群がASDにまとめられた

先生，ASDって自閉スペクトラム症っていうんですよね？　自閉症というのは聞いたことがあるんですけど，それとは別物なんですか？

別物というわけではありませんよ。**ASDは，自閉症とアスペルガー症候群などをまとめたものなんです。**

自閉症とアスペルガー症候群をまとめたもの？
どういうことでしょうか？

自閉症という概念は1943年に生まれたといわれています。最初に提唱したのは，児童精神科医のレオ・カナー（1894〜1981）です。
彼は自閉症を人との情緒的接触の乏しさや物や状況に固執するなどの症状に特徴があると定義しました。
提唱された当初は，言葉の遅れなど，知的障害（知的能力症）をともなった症状だと考えられていました。

今からおよそ80年前に自閉症は報告されたんですね。

ええ。一方，1944年には小児科医の**ハンス・アスペルガー**（1906〜1980）が，**知的障害をともなわない**自閉症のような行動特性がある**アスペルガー症候群**を論文で発表しました。

知的障害をともなう自閉症と，知的障害をともなわないアスペルガー症候群ということですね。症状としては似ているということでしょうか？

そうなんです。
そこで1981年に精神科医の**ローナ・ウィング**（1928〜2014）は，カナーの症例とアスペルガーの症例は多くの点で類似していることから，症状は**明確な境目はない**のではないかとの仮説を立て，研究論文を発表しました。そこから，彼女は**自閉スペクトラム症**という名称を提唱しました。これが現在でも広く受け入れられています。

すぺくとらむってどういう意味なんですか？

スペクトラムには，**連続**という意味があります。
これは，虹をイメージすればわかりやすいでしょう。ある色の部分を見れば特徴がきわだっているのに，それぞれの色の間は連続していて，境界線がないということです。**自閉症の特性も虹の色のように境界線がなく連続して症状が広がっているということをあらわしています。**

3時間目　脳の特性「発達障害」

209

たとえば，自閉症としての特性が強い人がいる一方で，自閉症の特性はもっているけれども，自閉症の診断基準を満たさない人もいます。このように連続性がある特性がASDの特徴なのです。

 なるほど。

 このような考え方から，2013年に制定されたアメリカ精神医学会の精神疾患基準であるDSM-5では，自閉症とアスペルガー症候群がASD(自閉スペクトラム症)にまとめられています。ただし，現在でも医療や福祉の現場では，言葉の発達に遅れがあるなどの場合は自閉症，言葉の発達に遅れは見られないが「物をたたく行為を延々とくりかえす」など反復的な行動パターンが見られるなどの場合はアスペルガー症候群と，以前の基準を踏襲して区別されることもあります。

> **ポイント！**
>
> **自閉スペクトラム症**
> 　自閉症の特性は，症状や強度が連続的にあらわれ，明確な境界がない。そこから，自閉症やアスペルガー症候群は自閉スペクトラム症にまとめられるようになった。

ASDには内側前頭前野のはたらきが影響する

先生，ASDは，脳のどこに原因があるかわかっているのでしょうか？

ASDの原因はよくわかっていません。
ただ，現在注目されているのが，脳の前頭葉にある**内側前頭前野**とよばれる領域です。

ないそくぜんとうぜんや？

内側前頭前野は，脳の前方にあり，対人場面や社会活動に大きく関わる領域です。

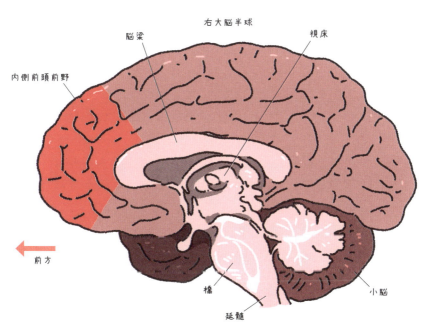

たとえば，コミュニケーションをとっているときに，相手の反応がよければ，話し手はもっと話したいと考えます。このときに相手が「楽しそうだ」とか「つまらなそうだ」とかの反応を総合的に判断しているのが内側前頭前野です。

たしかに自分の話で盛り上がると，もっと話したい！と思いますもんね。

内側前頭前野で判断した情報は，大脳基底核にある**報酬系**の神経回路へ伝えられて，ここで話し手である自分が，このまま同じテーマで会話を発展させるか，話題を変えるのかを決めています。

相手のリアクションから心を読み取る部位が，内側前頭前野ということですね！

ええ，そうです。
この内側前頭前野の判断には言葉だけではなく，視線や表情などの**非言語情報**の把握に大きくかかわっています。
しかし，実は，ASDの特性をもっている人たちは，内側前頭前野の非言語情報を処理する領域があまりはたらいていないことがわかっているんです。

だから，視線や表情から相手の情報を読み取るのが苦手，ということなんでしょうか？

ええ、そうかもしれないんです。
ASDの特性をもっている人は、非言語情報である表情の情報を読み取りづらく、言葉や会話の内容などの言語情報から相手の反応を判断しがちです。 こうしたことから、脳の内側前頭前野の活動に、ASDの人とのコミュニケーションが苦手ということの一因があると考えられています。

なるほど。

脳の体積がかたよっている傾向がある

ASDの子どもは、大人になってもずっと症状はそのままなんですか？

ASDの症状は、年齢とともに緩和されるということが経験的に知られているんですよ。
これは、遅れてはいるものの脳神経系が年齢とともに発達し、特性も変化するという特徴があるからです。

ほぉ、脳神経系の発達で症状が緩和されるんですか。

はい、その可能性は十分にあります。
脳の表面の神経細胞の本体がある場所は、<u>灰白質</u>とよばれています。
普通、灰白質の体積は、生まれてから徐々に体積を増していきます。 思春期にピークをむかえて、その後、体積はゆるやかに減っていきます。

ASDの人の脳はちがうんですか？

 ASDの人の脳は，**生後1〜2年**の間に脳体積が急激に上昇するとされます。
しかしその後は，ゆるやかに一般の子どもの脳と同じ体積に近づいていって，普通に発達した人と脳の体積はほとんど同じになります。

大脳（前方部分の断面）

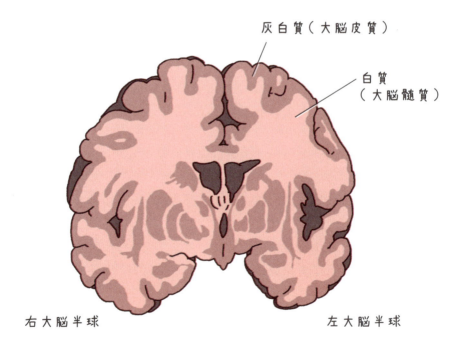

脳の大きくなり方が、普通の子どもとASDの子どもでちがうわけですか？

ええ、1〜2歳の時期の脳の発達過程のちがいによって、普通に発達した脳とくらべると体積が大きかったり小さかったりする部分が生じるようです。
つまり、普通とくらべると、脳の体積が場所によってかたよっている傾向にあるわけです。

脳の体積がかたよっている……。
具体的に、かたよりやすい部位はあるんでしょうか？

脳の体積異常をおこしている部分としては、次の部位があげられています。
表情の認知にかかわる扁桃体や顔の認知や視線処理などに関連する紡錘状回、対人コミュニケーションで情報処理の中心となる内側前頭前野、行動や運動の調整をおこなっている小脳などです。

ASDの症状と関係しそうな脳の領域に体積の異常が見られるのですね。

ええ。こうした脳の体積異常が対人コミュニケーションの機能低下を引きおこし、社会生活に影響を与えていると考えられています。

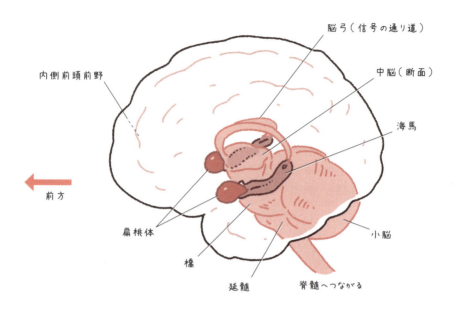

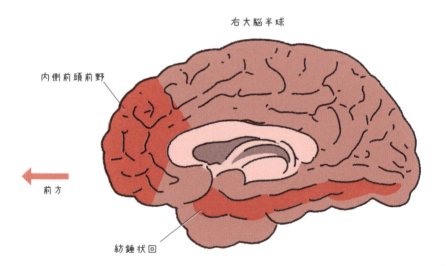

ASDには遺伝子がかかわっているかもしれない

ASDの原因が，脳のコミュニケーションにかかわる領域にありそうだ，ということはよくわかりました。
でも，そもそもなぜ，脳に異常が出るんでしょうか？　妊娠時の状態とかに関係があるんでしょうか？　それとも遺伝的なものなんでしょうか？

ASDの発症に何がかかわっているのかは，まだよくわかっていません。
かつては「親の愛情不足が原因」との説が広まった時代もありましたが，今日では否定されています。

ということは生まれつきなのでしょうか？

そうですね。まったく同じ遺伝情報をもつ**一卵性双生児**間で高い発症一致率（80〜90％，二卵性双生児では10％程度）が見られることや，特定の家系で目立って発症する例などが明らかになったことから，現在では**遺伝**が大きく影響していると考えられるようになっています。

やっぱり遺伝の影響が大きいんですね。
原因となる遺伝子とかって特定されているんですか？

アメリカのマウントサイナイ医科大学シーバー自閉症研究センターの2020年の3万人以上のASDの人と家族を対象とした調査によると，ASD発症にかかわる遺伝子は**100個以上**にもおよぶということがわかっています。

そんなにたくさん!?

この研究では，ASDの発症にかかわる遺伝子が脳の発達の初期段階から活性化するということや，ほかの遺伝子の活性をうながしたり，脳の神経細胞の情報伝達にもかかわったりしていることが認められました。
ASDの特性がさまざまなのも多くの遺伝子が複雑に脳に作用しているからなのかもしれません。

うぅむ，ASDの発症は複雑なんですね。
でも，ASDと遺伝子が強く関連しているのなら，遺伝子を検査することで，ASDを診断することはできないでしょうか？

実際にアメリカでは，ASDの診断に**遺伝子検査**が行われています。
アメリカのブラウン大学の調査（2013年～2019年）では，ASDと診断された16.5％の人は遺伝子検査を受けたと報告されています。
遺伝子検査を受けた人は，検査を受けていない人にくらべて，1.9歳ほど早期にASDと診断されることがわかっています。今後，遺伝子検査の比率を上げるように臨床の場で告知をおこなっていくそうです。

ということは，ASDになるかどうかは，遺伝だけで決まってしまうということですか？

うーん，そうとも言い切れないようです。

妊娠時の**母体環境**などといった環境要因の中から，ASDの発症と関係するものを探る調査や研究も世界各国でおこなわれています。

そうした調査や研究の結果，妊娠初期の喫煙や出産時の父親および母親の高齢化，体外受精などの不妊治療などがASDの発症リスク要因となっている可能性が指摘されています。

> **ポイント！**
>
> ASDの原因
>
> 遺伝的な要因が複雑に影響し，生まれつき脳神経系の発達のしかたが通常とはことなるためだと考えられている。また，母体環境などのリスク要因も報告されている。育て方が発症に影響するわけではない。

不注意や落ち着きのなさが特徴 注意欠如多動症（ADHD）

子どもの5〜10％に症状があらわれるというADHD（注意欠如多動症）。ADHDの症状は主に行動面にその特性があらわれるとされています。

ADHDの症状は3タイプ

ASDの次はADHDを紹介しましょう。
ADHDは，「Attention-Deficit/Hyperactivity Disorder」の略語であり，日本では「注意欠如多動症」などと訳されています。

近年，ADHDという言葉を聞くようになった気がしますが，これは最近，発見されたものなんですか？

いいえ，すでに1902年には，行動の抑制が効きづらい子どもの事例が医学雑誌『Lancet』に掲載されています。その頃から脳との関係も注目されてきました。
そしてその後の研究によって，症状には個人差があり，症状の程度も一人ひとりでことなっていることがわかってきました。

へぇ，100年以上も前にすでに報告されていたんですね。ADHDは，どういう症状がでるんでしょうか？

約束や物を忘れるなどの**不注意**や，しゃべりつづけるなど**多動**が見られます。
同時にさまざまな作業を並行して進める**マルチタスクも苦手**です。
さらに，これらの特徴から，ADHDの人は徐々に生きづらさを感じるようになり，**ほかの精神疾患**も同時に発症する二次障害をともなうことも多いです。

ふむふむ。症状の出方は人によってちがうんですか？

そうですね。
ADHDの症状のあらわれ方は，個人で差があり，症状の程度がひとりひとりでことなります。
多動が目立つ場合もありますし，**衝動**が目立つ場合もあります。また**注意欠如**が症状として強く出る場合もありますし，すべての症状があらわれることもあります。
そのため，ADHDの症状は主に**多動・衝動性優勢型**，**注意欠如優勢型**，**混合型**の3タイプに分けられます。

それぞれどのような症状があらわれるのでしょうか？

まず，**多動・衝動性優勢型**は多動性や衝動性の症状が継続的にあらわれます。たとえば，座ったままじっとしているのができないので，席を離れたりする。指を動かしたり，貧乏ゆすりなどで足を動かしたりする。周囲が走り回る状況ではないのに，走り回ったり，落ち着きがないようすを示したりする，といった行動がみられます。

ほうほう。

ほかにも，順番を待つことができなかったり，相手の質問が終わる前に答えたり，過度に話をしたりするなどがあります。また，他人のしていることに横やりを入れることもしばしばで，静かに過ごすことができないという特性があります。

落ち着きがない，というわけですね。

落ち着きがない

じっと座ることができない

次に**注意欠如優勢型**です。
常に落ち着きがなくそわそわしている多動・衝動性優勢型に対して，ぼんやりしているように見えるのが注意欠如優勢型の特性といえるかもしれません。
たとえば，誰かに話し掛けられてもボーッとしていて聞いているのか，それとも聞いていないのかわからないように見えるのも注意欠如優勢型の特性といえるでしょう。

具体的にどのような行動がみられますか？

細部に細心の注意を払わなかったり，学校や職場で不注意が原因のトラブルをおこしたりします。
やらなければいけないことに集中しすぎたり，目の前の活動に注意を払いつづけることがむずかしかったりすることが多いとされています。

集中力をうまくコントロールできないんですね。
勉強や仕事などいろいろなところで支障が出そうです。

ええ。
たとえば，仕事の面では指示に従うことができなかったり，集中力を持続させることができず脇道にそれやすいので，時間内に仕事を終わらせることができなかったりします。また，プロジェクトのような長期間の精神的な努力を必要とするような業務を嫌がることもあります。

注意力が散漫だと**忘れ物**なども増えそうですね。

そうですね。**忘れ物**が多いのも注意欠如優勢型の行動特性でもあります。
また順序立てて物事を整理できなかったり，大事なものと不要なものの区別がつかなかったりして，部屋に物があふれ，足の踏み場もないような状態になってしまうことも少なくありません。

忘れ物

遅刻

三つ目の**混合型**はどういうタイプでしょうか？

多動・衝動性優勢型と注意欠如優勢型の症状をあわせもつタイプが混合型といわれます。
ADHDの症状が出ている人の**8割**が混合型のADHDの特徴をもっているといわれています。

この混合型がADHDの大多数を占めているんですね。

ええ。混合型ADHDの人は，多動・衝動性優勢型と注意欠如優勢型の行動特性がありますが，症状は個人で大きくことなります。

たとえば，人の話を聞かずに一方的に話し続けたり，脈絡のない行動をしたりするだけでなく，細部への注意や集中が続かず，整理整頓が苦手という人もいます。
一方でいつもぼんやりしていて，人が話しかけても聞いていないように見える人も，自分の好きな分野や興味がある分野では，急に饒舌になって他人との会話をさえぎるような多動・衝動性の特徴を見せることもあります。

一口に混合型といっても，症状はさまざまなんですね。
それにしても，多動・衝動性優勢型と注意欠如優勢型の両方の特性が重複しているとは，厄介ですね。

ええ。さらに，多動・衝動性や注意欠如の行動特性が重複するだけでなく，限定された反復的な行動やコミュニケーションに障害が出るASDと症状が**重複**することもあります。

ASDとも!?
その場合，どういう症状が見られるんでしょうか？

たとえば，注意欠如というADHDの行動特性が出ているだけでなく，決められたスケジュールに沿ってでないと行動できない，同じ帰宅経路でないと気が済まないなどのASDに特有な症状が出ることがあります。
ただ，ASDとADHDの両方の特性が見られる人では，それぞれの特性が弱まることもあります。

3時間目　脳の特性「発達障害」

> ポイント！

ADHDの3タイプ

・多動・衝動性優勢型

女性よりも男性に多くみられるADHDの特性です。多動性が優勢な人は落ち着きがなく，じっとしていることができないという特徴があります。衝動性が優勢な人は，自分の感情の調整や抑制が苦手な人も多く，考える前に行動するなど衝動的に動く人もいます。そのため，物事の優先順位を決められないという人もいます。

・注意欠如優勢型

男性よりも女性に多くみられるADHDの特性です。集中や注意を長い時間維持することができないため，子どもの頃は，ほかの子どもに比べると学習が遅れがちになります。何か行動するときに集中しつづけることができないため，忘れ物が多くなったり，物をなくしたりすることが少なくありません。また，整理整頓などが苦手という特性をもっています。

・混合型

多動性や衝動性，注意欠如という三つの特性をすべてもち合わせているタイプです。人によって特性があらわれる度合いは差があります。たとえば，自分の興味があることの場合に急に多動性や衝動性があらわれたりします。反対に自分の興味がないことになると，急に注意欠如の特性があらわれたりします。

ADHDにはドーパミンが影響している

先生，ADHDの原因は，脳のどこにあるのでしょうか？

発達心理学者の**エドモンド・ソヌガ・バーク**が2003年に発表した理論によれば，ADHDの症状があらわれる原因として，主に**二つ**あるといいます。

ほぅ，二つも……。

まず一つは**実行機能の破綻**です。
実行機能の破綻は，注意を持続できない，意図したことを計画的に実行できない，状況が変化したら柔軟に実行できないということなどの原因になると考えられています。

ふぅむ。
もう一つは？

もう一つは，**報酬への反応の問題**です。
報酬への反応に問題があると，報酬の遅れなどに耐えられずに衝動的にほかのもので気をまぎらわせるため，多動や不注意の原因になると考えられています。

実行機能の破綻と，報酬への反応の問題がADHDの原因と考えられるのですね。
この二つが発生する理由は何でしょうか？

近年の脳科学の研究では，この二つの問題は脳にある**報酬系**と大きく関わっている可能性が明らかにされつつあります。

報酬系って，依存症のところでも出てきましたね。脳の神経回路のことですよね。

そうです。**報酬系は，報酬に対する快や不快の反応を生みだす神経回路のことでしたね。**
報酬系では，**ドーパミン**という神経伝達物質が脳に信号をあたえ，情動や行動を促したり，抑制したりしています。

ふむふむ，そうでした。
そのドーパミンが関わっている報酬系がADHDとも関連がありそうなんですか？

そう考えられているのです。
ドーパミンが作用する神経回路は，**A9回路**と**A10回路**という二つが知られています。
A9回路は，脳の線条体という部分に信号を送る回路で，身体運動や行動の調整に関わる機能に関わっているとして知られています。
一方，A10回路は前頭前野に信号を送る回路で，行動の実行を判断したり，決断したりする機能に関わっていると考えられています。

ほう。

この二つの神経回路が，うまく働かないなどの理由で，ADHDの症状につながっているのではないかという研究が報告されています。

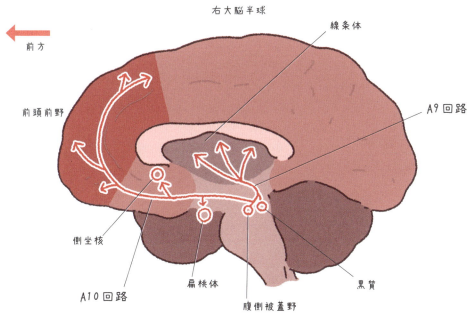

脳の「基底核」が通常より小さくなっている

ADHDの具体的な原因はまだ明らかになっていません。しかし最新の脳科学では、脳のどの領域の機能不全がADHDをおこしているのかが、次第に明らかになりつつあります。

ほぉ！
脳のどこに原因がありそうなのでしょうか？

ADHDと関連していると考えられている一つが**大脳基底核**です。

だいのうきていかく？

脳の中では無数の神経細胞がケーブルを使って情報を伝えあっています。
神経細胞の本体（細胞体）は主に、脳の表面に集まっているのですが、脳の内部にも細胞体が集まっている領域があります。そのような領域を**核**といい、大脳の深部にある核が**大脳基底核**です。

ここがADHDに関係していると？

ええ。
大脳基底核は、運動の調整や、意思の決定、記憶、物事の遂行、意欲や情動の調節などにかかわります。

このため、大脳基底核に問題があると、多動や衝動性を抑制するはたらきに支障が出やすくなります。

ということは、ADHDの人の脳では、この大脳基底核に何らかの異常がおきているということでしょうか？

ええ。実際にADHDの行動特性が出ている子どもの脳は、普通の子どもの脳とくらべて**大脳基底核の体積が小さい**傾向があることがわかっているのです。

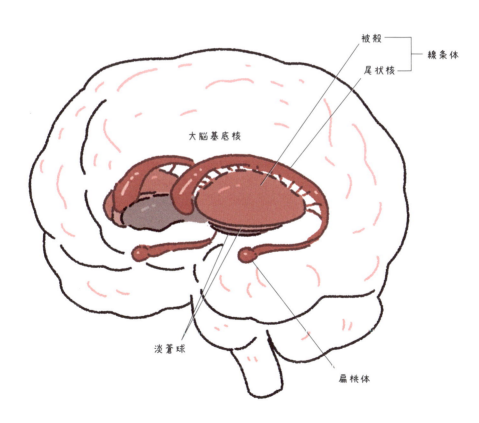

大脳基底核が小さい!?

脳の報酬系回路は神経伝達物質のドーパミンを介して大脳基底核に意思決定や記憶の機能，物事を遂行する機能を実行するための情報を伝えます。
しかし，大脳基底核に正しく情報を伝えるためには，ドーパミンをキャッチする**受容体**が機能しないとうまく伝わりません。そのため大脳基底核には，ドーパミン受容体が一番多く分布しているのです。

ところが，ADHDの人の脳は，大脳基底核の体積が小さいと……。

そうです。
そのため，ドーパミン受容体の数も多くないのかもしれません。その結果，ドーパミンのはたらきが弱くなり，情報がうまく伝わりづらくなる可能性があります。これがADHDの症状に影響を与えているのではないかと考えられています。

ドーパミンを受け取る，受信機が少ないのですね……。

そう考えられているのです。
また，大脳基底核のほかにもADHDとの関連が報告されている脳の領域があります。それが**前頭連合野**です。

前頭連合野とADHDはどう関係しているんでしょうか？

前頭連合野が担う機能の一つに**ワーキングメモリー（作動記憶）**があります。しかし，ADHDの行動特性をもっている人の中には，ワーキングメモリー（作動記憶）という脳の機能が低下している人が少なくないのです。

わーきんぐめもりーって何ですか？

ワーキングメモリー（作動記憶）とは，ある情報を記憶として保持しておいて，それをもとに行動の計画を立てたり，作業をこなすための情報の取捨選択をしたりするときにはたらく機能のことです。

たとえば買い物に行こうと思ったとき，私たちは全体の流れを決め，道順や家を出る時間，買うべき物などといった関連情報を頭に入れますよね。そして行動が完了すると，それらの記憶は消え去ることが多いです。このようなしくみがワーキングメモリー（作動記憶）です。

手順を考えたり，物事を並行して作業するときに必要な能力ということですね。

はい。そうです。
ワーキングメモリーは，脳内に一時的に記憶を保持し，作業が終わればリセットされることから**作業台**にたとえられます。

その前頭連合野が担うワーキングメモリーのはたらきがADHDの人では低下していることが多いと……。

ええ，大脳の3割を占める**前頭連合野**は，脳全体にワーキングメモリーを用いて，行動や情動の調整を行っています。

ところがADHDの人の脳は，前頭連合野の体積が，通常よりも少ない傾向があるとの報告もあるのです。

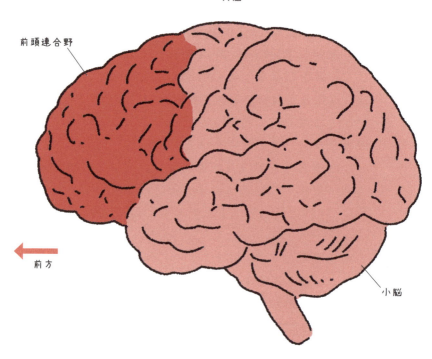

大脳

前頭連合野

前方

小脳

報酬系の機能不全だけでなく，ワーキングメモリーの機能低下もADHDの人の脳では見られるわけですね。

ええ，これらも影響し合って，ADHDのさまざまな症状が引きおこされるのではないかと考えられています。

3時間目

脳の特性「発達障害」

STEP 4 限局性学習症（LD）と，発達障害への対応

基本的な学習の一部に困難をきたす「限局性学習症（学習障害）(LD)」。ASD，ADHD，LDとどのように付き合っていけばよいのか，その対応法について紹介しましょう。

読み・書き・計算が困難「限局性学習症（LD）」

LD（限局性学習症，学習障害）についても簡単に説明しておきましょう。

LDって，確か学習が苦手なんですよね？
私も，外で遊ぶのが好きで，小さいころは勉強があまり得意ではなかったんですよね……。

あなたのように「かつて自分は勉強が苦手だった」と思う人は少なくないでしょう。その多くは，ゲームや漫画，テレビ，スポーツなどに夢中になって，ついつい勉強がおろそかになってしまったといったように，**本人の勉強不足や努力不足**が原因と思われます

ええ。ほとんど家で勉強したことはありませんでした。
LDの場合は，私のように単に勉強が苦手というのとはちがうんでしょうか？

はい，ちがっています。
LDは，本人の意思や努力とは関係なく，読み・書き・計算といった，基本的な学習の習得がうまくいかない発達障害です。
発症のしくみはよくわかっていませんが，ASDやADHDと同じように，脳神経系の発達のしかたが普通の人と少しことなることで，得意なことと不得意なことにかたよりが生じ，その不得意なことがLDとなってあらわれると考えられています。

単なる勉強不足ではないわけですね。

そうです。
LDの場合，本人には責任がないにも関わらず，努力不足などと思われつらい思いをすることが少なくありません。
そのためLDはとくに早期発見と早期支援が大切です。

LDは知能の発達に異常があるのでしょうか？

いえ，LDは，全般的な知的発達の遅れがなくともおこる症状です。 幼児のときは日常生活にさほど支障がないことも多いのですが，小学校に上がった頃から，聞く，話す，読む，書く，計算する，数学的推論をするという学習の基盤となる技能が身につかず，授業についていくのがむずかしくなっていきます。

そのどれもがうまく習得できないのですか？

いいえ，これらの六つの学習のすべてに困難があるのではなく，**一部の学習だけ**が劣っているという特徴があります。

そのためLDは，学習の困難さの特徴によって，さらに**読字障害，書字障害，算数障害**の三つに分類されます。

A. 読字障害

B. 書字障害

C. 算数障害

このうち，最も多くみられるのは，**読字障害（ディスレクシア）**です。

読字障害の子どもにはどういう特徴が見られるのでしょうか？

読字障害の子どもには、「形の似た『わ』と『ね』、『シ』と『ツ』などを読みまちがえる」、「読んでいるところを確認するように指でおさえながら読む」、「文章を読んでいる途中でどこを読んでいたかわからなくなる」、「読み飛ばしたり文末を適当に変えて読んだりする」、「読むのに時間がかかる」といった特徴が見られます。

その名の通り文章を読むのが苦手なわけですね。
とすると、書字障害は文字を書くのが苦手なわけですか？

はい、その通りです。
書字障害（ディスグラフィア） も言葉に関する障害で、「文字が正しく書けない」、「文字を書き写せない」といったことが見られます。

具体的にまちがえがちな文字などはあるんですか？

「『は』を『わ』、『を』を『お』と書きまちがえる」、「『め』と『ぬ』、『雪』と『雷』のように形の似ている文字の書き分けをまちがえる」、「左右が反転した鏡文字を書いてしまう」、「筆順のまちがいが多い」、「文字の形や大きさがバラバラになったりマス目からはみだしたりする」といった傾向があります。
読むことが困難だと書くことも困難になることが多く、両者が並存した **読み書き障害** がおきる例も少なくありません。

3時間目　脳の特性「発達障害」

では,算数障害というのはどういうものなんでしょうか？

算数障害は,計算などの数をあつかう処理に困難が生じるものです。
数処理,数概念,計算,数学的推論の,四つの基準をもとに判断されます。
まず,**数処理**とは,数詞(数の言葉),数字,具体物の対応関係の理解を指します。これができないと,数字は書けるものの正しく読めなかったり,「リンゴを5個もってきて」といわれたときに正しい数を取れなかったりといったことがおきます。

数詞と数字,具体的にある物をうまく対応させることができるかどうか,ということですね。

はい,そうです。
数概念とは,数の量的な概念(基数性)と数の順序(序数性)の理解を指します。
そして**計算**は,暗算で和が20までの数のたし算ひき算や九九の範囲のかけ算わり算を考えこまずにできるかどうか,筆算で数字をきちんと配置することやくり上がりやくり下がりをできるかどうかがポイントになります。

ふむふむ。

最後の**数学的推論**は,文章題を解くなど,具体的な場面などで**数の操作**ができることをいいます。

算数障害の子どもはこれらすべてができないのでしょうか？

いいえ，算数障害の子どもはすべてできないわけではないことが多く，かたよりがあります。
たとえば，「数の順番はわかるが，量としての数がイメージできない」，「暗算はできるが，筆算はできない」といったように，部分的に，数や計算や推論ができない場合でも，算数障害と判断されます。

> **ポイント！**
>
> **LD（限局性学習症）**
> 「聞く」「話す」「読む」「書く」「計算する」「数学的推論をする」といった技能のいずれかの習得が極端に困難な発達障害。
> 本人の努力不足と誤解されてしまうことも多く，早期発見と早期支援が重要。

クラスに1〜2人はLD

 LDの人はどれくらいいるのでしょうか？

 文部科学省が全国の小・中学校の教師を対象におこなった2012年の調査によると、知的発達には遅れがないものの、学習面で著しい困難を示すとされた児童・生徒の割合は、**4.5％**でした。当時の小・中学生の約1000万人中、45万人ほどが学習に苦労していることになります。

 けっこうな数の児童・生徒が苦労しているんですね。

 ええ。40人学級だと、1クラスあたりLDの子どもが**1〜2人**いる計算になります。男子のほうが女子よりも**約2倍**多い傾向にあります。

LDも男子のほうが多いんですね。ASD，ADHD，そしてLDか……。

実はLDの子どもは，ASDやADHDをあわせもつことも少なくありません。
特に，LDとADHDは密接に関係し合っています。症状が似ている部分もあるため，鑑別がむずかしいケースや，両者を合併しているケースも見られます。

ADHDとLDが合併していると，より苦労が大きくなりそうですね。

そうですね。
ADHDによる不注意の症状が，学習において多くのケアレスミスを招き，読み書きや計算の力をさらに阻害してしまう場合もあります。

どれくらいの子どもが併発していると考えられるのですか？

2012年の文部科学省の調査によると，発達障害の可能性のある小中学生の割合は，6.5％でした。
さらに，LDの可能性のある小中学生の割合は4.5％です。そしてLDとADHDをあわせもつ可能性のある小中学生の割合は，1.5％でした。LDの可能性のある小中学生のうち，約3人に1人が，ADHDをあわせもつ可能性があるということになります。

（出典：通常の学級に在籍する発達障害の可能性のある特別な教育的支援を必要とする児童生徒に関する調査，文部科学省，2012）

情報伝達・処理のルートに問題がある

先生，LDの原因って何なんでしょうか？
本人の努力不足ではない，ということでしたが……。

LDは，**先天的な脳機能の問題**であり，原因は親の育て方や子ども自身の努力不足ではなく，本人や親に責任はないと考えられます。

遺伝的なものなのでしょうか？

遺伝的要因もあるとされてはいるものの，原因となる特定の遺伝子が見つかっているわけではありません。
一つの遺伝子に重大な機能異常があるというのではなく，複数の遺伝子の軽微な異常が複雑に影響し合っているのではないかと考えられています。
ですから，「親がLDだから，その子どもも必ずLDになる」といった単純なことではありません。逆に，両親がLDでなくても，子どもがLDを発症する可能性もあります。

LDの人の脳では何がおきているのでしょうか？

読んだり書いたりするときの脳内の**情報伝達・処理のルート**のうち，どこかの過程で問題が発生し，その結果，特定の分野の学習が困難になると考えられています。

読んだり書いたりするとき，情報はどのようなルートで伝達・処理されるんでしょうか？

「読む」と「書く」とでは，脳内での情報伝達・処理ルートがことなります。
まず，**文字を読む場合**，子どもはまず文字を見てから音声にします。**つまり，目から入力された視覚情報が脳内で音声情報へと変換され，その後に口から音声として出力されるわけです。**

視覚情報→脳で音声に変換→口に出すというルートなんですね。
では，書く方はどうなんでしょうか？

書く場合には，「文字を聞いて書く」，「文字を見て書き写す」，「作文などを書く」という**三つのルート**が存在します。
まず，「聞いて書く」では，耳から入力された聴覚情報が脳内で視覚情報へ変換され，その視覚情報がさらに運動情報へ変換されて運動（手で書く）として出力されます。

聴覚情報→視覚情報→運動情報と変換されるわけですね。

「書き写す」では，目からの視覚情報が脳内で運動情報へ変換され，運動として出力されます。
「作文などを書く」では，考えたこと（頭の中でつぶやいたり文字を思い浮かべたりしたもの）が，運動情報に変換され，やはり運動として出力されます。

なるほど。それぞれで情報の変換のされ方がちがうんですね。

こうした脳の情報伝達や情報処理のルートは，学習の内容によって複数あります。いずれかのルートで問題が発生すると，その分野の学習が際立って困難になり，それがLDとしてあらわれると考えられています。

A. 読む場合

視覚でとらえた文字の情報が，脳内で音声の情報に変換され，最終的に声を発する指令が出されます。

B. 書く場合

目で見たり，耳で聞いたり，頭で考えたりした情報が脳内で処理され，書く運動として出力されます。

発達障害の人はメンタルヘルス不調を引きおこしやすい

さて、ここまで三つの主な発達障害を紹介してきました。これらの発達障害は、とくに大人の場合、**うつ病**や**不安症**、**依存症**などの**合併症**が発覚してから、その症状の根本的な原因を調べていく過程で発見されることがあります。
発達障害の症状をもちながら、ほかの心の健康問題や精神疾患を抱えることを**二次障害**といいます。

発達障害の人は二次障害を抱えやすいんですか？

はい、そう考えられています。
精神科医のロナルド・ケスラーらが調査した2006年のアメリカの成人調査では、注意欠如多動症（ADHD）の症状をもつ人は、**気分症**（うつ病〔18.6％〕、気分変調〔12.8％〕、双極症〔19.4％〕）や、**依存症**（15.2％）、**不安症**（47.1％、なかでも社交恐怖は29.3％）などの症状を併せもっていることがわかっています。

不安症、とくに社交恐怖が多いんですね。
発達障害だけでも生活に困難が生じるのに、さらに二次障害だなんて……。
発達障害の人は、なぜ二次障害を抱えやすいんでしょうか？

3時間目　脳の特性「発達障害」

発達障害の症状をもっていると，他者とのコミュニケーションがうまくいかず集団生活になじめなかったり，知能の遅れや複数の作業を同時におこなうマルチタスクが苦手なことなどで失敗をくりかえし，自信を失い引きこもりがちになったりします。
こうして社会的に孤立することで，不安が強まり，ますます症状が悪化する悪循環におちいってしまうことも少なくありません。この悪循環が続くことにより，さまざまな二次障害が引きおこされることがあるようです。

発達障害が原因で，社会的に孤立することが二次障害を引きおこすことがあるんですね。
確かに，孤独感や失敗が続くと，自信がなくなりますよね。私もコロナで外出できなかった時期や，仕事でミスが続いたときは，すごく落ち込みましたもん。
二次障害を防ぐ方法は，ないのでしょうか？

まず発達障害の特性をもった人たちが孤立するような状況をつくらないようにすることが大切です。
そのためにも，まず発達障害をもつ本人が，自分の特性をよく理解できるようになることが重要になります。

自分の特性を理解？

発達障害の症状の出方は人それぞれで，能力のかたよりによって，どの特性が強く出るかが異なってきます。
特性によって対策も異なるので，自分の特性を理解しなければ，不適切もしくは，ずれた対応策を取ってしまう可能性があるんです。

なるほど。

また本人だけでなく，周囲の人も同様に，その人の特性を理解することも大切です。
特性にあった対応をしなければ，かえって孤立を深めてしまうことにつながります。やはり**周囲の理解と協力**は不可欠になりますね。

周囲の対応が生きづらさをやわらげる

先生，ここまでいろいろとお話を聞いてきましたが，発達障害を根本的に解決する方法はないのでしょうか？

残念ながら，発達障害の根本的な原因を取り除くことは，現状では困難なことが多いです。
しかし薬によって症状を抑えたり，本人の行動や周囲の人の気づかいによって，生きづらさ（苦悩やストレス）をやわらげたりすることはできます。

薬はどういうものが使われるんでしょうか？

薬物療法では，症状に合わせて**気分安定薬（抗てんかん薬）**，**睡眠薬**，**抗うつ薬**，**抗精神病薬**，**ADHD治療薬**などが用いられます。
ADHD治療薬は，脳の神経伝達物質「ドーパミン」や「ノルアドレナリン」のはたらきを強めることで，不注意や多動を抑える効果があります。
ただし，薬物療法は副作用があらわれるリスクもあるため，薬の使用は症状がひどい場合に必要な範囲内にとどめることが推奨されています。

なるほど。
状況に応じて活用していくイメージですね。

そうですね。また，**薬物療法よりも一般的なのは，具体的な場面を想定したふるまい方を学び，コミュニケーションスキルを高めていく取り組みです。**

実際にどのような取り組みがおこなわれているんでしょうか？

たとえば発達障害をもつ子どもには，現在抱えている問題の解決や将来の社会的自立をめざした，**療育**とよばれる教育・トレーニング支援がおこなわれています。
療育は，各自治体に設けられた「療育センター」などで受けることができ，発達障害の子どもに対して親がどう接するべきかを学ぶこともできます。

親もいっしょに学べる，というのはよいですね。

発達障害をもつ大人に対しては，本人が過ごしやすい環境をつくる**環境調整**の方法を学んだり，発達障害の理解を深め，個々の場面での適切な対処法を学んだりする**心理療法**も用いられます。

また，10人ほどのグループでおこなう**集団心理療法**もおこなわれています。これらの取り組みによって，社会生活によりよく適応できるようになり，ストレスが軽減されるのです。

環境調整に，心理療法か。

ASDやADHDの症状があらわれている人でも，自分の特性とうまく折り合いをつけることができれば，生活に大きな支障が出ないように生活することができます。
そのため，まずは自分の特性にはどのような濃淡で出ているのかを知ることが最も大切です。

先生，身近な周囲の人ができることもあるんでしょうか？

はい，もちろんありますよ。次のページに周囲の人が配慮できることの例を示しました。

周囲の人が理解を深め，適切な気づかいをおこなうことは，とても大切です。**周囲の人がルールをわかりやすく提示するなど，少しの工夫で本人の生きづらさを大きくやわらげることができるのです。**

> **ポイント！**

周囲の人が配慮できること

イラストは，発達障害をもつ子どもや大人に対する，よりよい気づかいの方法の例をえがいたもの。発達障害の症状はさまざまで，それぞれの症状に合わせた工夫をすることで，本人の生きづらさを軽減することができる。

「早くして」「まだ？」などとせかさずに，じっくりとおだやかな態度で話を聞きましょう。

コミュニケーションをとるときは，「ゆっくり」「短く」「正確に」伝えることを心がけます。遠まわしな表現やあいまいな表現は避けましょう。

失敗したときはしからずに，問題の解決方法を一緒に考えましょう。うまくできたときにしっかりとほめることも大切です。

図を使って、ルールや約束事を視覚的にわかりやすく提示しましょう。

前もってスケジュールや計画を明確に伝えておきましょう。

とくにADHDの場合、ポスターや本など、注意をひくものを目に入る位置に置かないようにしましょう。座席に仕切りをつけるなどして、集中しやすい環境をつくることも大切です。

発達障害の人から、本人が苦手なことや得意なことを教えてもらう、あるいは、苦手なことや得意なことに気づいてあげるようにしましょう。

3 時間目　脳の特性「発達障害」

4

時間目

心の不調や精神疾患への対応法

STEP 1

心の健康問題や精神疾患におこなわれる対応

心の健康問題や精神疾患に対応する方法にはどのようなものがあるのでしょうか。心理療法や薬物療法など，さまざまな対応法を紹介しましょう。

当事者の心に寄り添う「カウンセリング」

ここまでさまざまな心の健康問題や精神疾患について，説明してきました。この4時間目では，それらをどのように対応するのかを具体的に見ていきましょう。

ぜひ，お願いします！

心の健康問題や精神疾患は，身体疾患と同じように**薬**を用いた治療も行われますが，薬を用いない**心理療法**も主な対応の一つです。

心理療法？

心理療法というのは，専門医や心理師との対話や訓練などを通じて，認知や感情，行動などを当事者自身が変えていき，心の健康の回復を目指す療法です。

悩んでいるときなんかでも,人と話すと楽になること,よくありますもんね。
心理療法では,どのようなことが行われるのでしょうか？

心理療法にはさまざまな種類がありますが,最も基本的なものが**支持療法（一般心理療法）**とよばれるものです。
これは医師や心理師などの専門家と対話することで問題点を改善しようとするもので,**受容**,**支持**,**保証**の三つのステップで進めます。

三つのステップ！

まず**受容**では,つらい思いをしてきた本人の気持ち（感情）をそのまま受け入れ,当事者の心を開くようにします。
そして次の**支持**では,「つらかったですね」など,当事者の方の苦労を認めて支えます。
最後の**保証**は,「きっとよくなります」と当事者の方に回復の希望をもたせるステップとなります。

本人の気持ちを受け入れてから,少しずつ解きほぐしていくわけですね。

その通りです。この支持療法（一般心理療法）の中で最もよく知られているのが**カウンセリング**です。
これは，専門の訓練を受けた臨床心理士やカウンセラーといった心理職などの専門家が，時間をかけて当事者の方との対話をする心理療法です。
カウンセリングは医療機関の精神科や，心療内科などのほか，非医療機関でも実施しています。

カウンセリングは，心の不調の対応方法の一つなんですね。

ええ。精神科でのカウンセリングは精神科医と連携していて，医師が服薬やカウンセリングの必要性や頻度，方針などを提案する場合もあります。
一方，非医療機関では，カウンセリングは「あくまでも当事者本人の要望に即しておこなう」のが基本です。

ふむふむ。

特に**うつ病**の場合，他者との対話がむずかしい場合や，カウンセラーと対面して話すことが大きな負担になる場合は，十分な休養や薬物治療が優先で，カウンセリングを本格的にはおこないません。

本人の負担になる場合は，カウンセリングはおこなわないのですね。
うつ病の場合，カウンセリングはどのようなときに実施されるのでしょうか？

一般にカウンセリング実施の条件として,「本人が十分に考えて話せる状態であること」,「うつ病の背景に, 本人の性格や考え方, 行動パターンなどが影響していること」,「自身がカウンセリングの必要性を感じていること」などがあげられます。

あくまで本人の状態を見てっていうことですね。
カウンセリングはどのように行われるのですか？

現代のカウンセリングの方法に大きな影響を与えた人がアメリカの心理学者**カール・ロジャーズ**（1902〜1987）です。ロジャーズは, こう提唱しました。「当事者の話を聞くことに徹し, 当事者に共感をもって接する」。

こちらの考えを押しつけるのではなく, まずは当事者の方の話を聞いて, 共感するのが重要というわけですね。

その通りです。
当事者本人こそが問題を最もよく知っており, それを解決する力を備えているのだから, 臨床家は何も指示する必要がなく, 当事者の体験に心を寄せて, それを尊重することこそが重要であるという考えにもとづいています。

当事者自身が解決する力を備えている, か。

当事者の自然回復力を引きだすことが臨床家の役目だといえます。その回復力を引きだすために, **当事者への共感的な理解や無条件の肯定, 正直で純粋な心で当事者と向き合うことを大切にしています。**

4時間目　心の不調や精神疾患への対応法

このようなカウンセリングの方法を**来談者中心療法**といいます。当事者を受容しながら、心の状態を理解し、当事者自身が主体的に問題を解決できるようにサポートしていくわけですね。

なかなか時間がかかりそうです。それに、当事者自身の状態も影響しそうですね。

その通りです。カウンセリング中は、自分の心を開いて、リラックスして自身の感情について話すことが重要です。**とにかく第一歩は、カウンセリングを受けたあとに、「誰かにわかってもらえた」、「すっきりした」と思えることです。**

こうなると、当事者とカウンセラーは長い付き合いになりそうですね。

そうなんです。治療効果を得るには、まず第一に本人と臨床家との信頼関係がきわめて重要になります。
カウンセラーと相性が悪い、カウンセリング内容が合っていない、変化を感じられない、続けたくない、といった感覚を抱いたら、正直にそのことも話し合ってみましょう。

ポイント！

心理療法①
カウンセリング
　公認心理師や臨床心理士などの専門家が、当事者と対話をしながら進める心理的なサポート。

無意識に注目する「精神分析法」

当事者に共感をもって接し，当事者の回復力に期待する来談者中心療法とはちがい，当事者の状態に関して臨床家が解釈した内容を折にふれて伝えて，当事者自身に気づきをうながす心理療法もあります。それが，オーストリアの精神科医**ジークムント・フロイト**（1856〜1939）が開発した**精神分析法**です。
これは，人間の**無意識**に注目した心理療法です。

ジークムント・フロイト
（1856〜1939）

無意識とは，どういうことなんでしょうか？

フロイトは，「幼少期のころに経験した出来事や対人関係などは無意識の中におさえ込まれており，それらの影響は成人後の行動や思考などにあらわれてくる」と考えていました。
このような考えにもとづいて開発されたのが精神分析法です。

ふむふむ。

当事者は，臨床家にさまざまな話をします。その中で，この無意識の中におさえ込まれていた記憶に気づいていきます。
臨床家はその記憶が，患者の現在の状況にどのような影響を与えている可能性を分析し，その結果を当事者に伝えます。そして，現在の状況に至った背景を当事者本人に気づいてもらうのです。

臨床家が分析して，当事者に伝えるのか。そこが来談者中心療法とはちがうんですね。

> **ポイント！**
>
> 心理療法②
> **精神分析法**
> 　当事者の話などから，無意識の中におさえこまれた記憶や感情を分析し，その結果を伝えることで，現在の状況に至った背景を自覚させる治療法。

問題を引きおこしている行動を修正「行動療法」

次に行動療法についてお話ししましょう。
行動療法は，1950年代の終わりから開発が進められた心理療法で，主に行動に対してアプローチする療法です。

半世紀以上前に考えだされたんですね。
どのような治療方法なんでしょうか？

たとえば，エレベーターの中や人ごみなど，何かを異常にこわがる，暴力をふるう，ギャンブルにはまる，といった問題行動をおこす人がいるとします。
行動療法は，こうした問題行動は，誤った学習をした結果として身についてしまったものだと考え，問題行動を改善するために，当事者に正しい行動を学習させる療法です。

正しい行動を学習させる？

当事者が正しい行動を学習することをめざして，さまざまな療法が開発されてきました。行動療法の例を二つあげましょう。一つは曝露法（エクスポージャー法）です。

どういうものですか？

曝露法は，不安や恐怖の反応を引きおこす刺激に当事者を長時間さらし，その結果，生じる慣れによって，不安・恐怖の減少を目指す治療法です。

ひえ！　それって，逆効果になっちゃいませんか？

もちろんいきなり最大の不安や恐怖にさらすわけではありません。
まず，不安・恐怖を生じさせる刺激を最も強いものから弱いものまで順位づけをしたリストである**不安階層表**をつくり，それにもとづいて，弱い刺激から強い刺激へとだんだん上げていくのです。

徐々に刺激を強めていくんですね。

もう一つの行動療法の例は**系統的脱感作法**です。
こちらは，単に刺激を与えるだけではなく，**リラクゼーション法**を学び，同時に実践することで不安や恐怖の克服を目指すものです。

どういうことでしょうか？

系統的脱感作法では，まず当事者に不安や恐怖を打ち消すためのリラクゼーション法を習得してもらいます。そうした上で，当事者にさっきも述べた不安階層表にある最も弱い刺激をイメージしてもらい，不安が生じたらそれをリラクゼーションによって打ち消すことをくりかえしてもらいます。

このような手順で不安階層表の最も強い刺激まで一つ一つ段階的に打ち消し続け，不安や恐怖の克服を目指していくのです。

こちらは，不安や恐怖の刺激に対処するリラクゼーションを習得させるわけですね！

> **ポイント！**
>
> 心理療法③
> ## 行動療法
> 問題となる行動を改善するために，当事者に正しい行動を学習させる療法。
>
> - 曝露法（エクスポージャー法）
>   不安・恐怖反応をおこす刺激に当事者を長時間さらすことで刺激に慣れ，不安・恐怖の減少を目指す方法。
>
> - 系統的脱感作法
>   刺激をイメージしたり呈示したりしても，リラクゼーションできることを学ぶことで，不安や恐怖を克服させていく方法。

認知のパターンを修正「認知行動療法」

次は**認知行動療法**です。
これは，現在，とくに広く使われるようになってきた治療法です。

どのような治療法なのでしょうか？

認知行動療法は，専門の医師や心理師などとの会話を通じて，当事者の極端な物事のとらえ方や受け止め方，そして癖になった行動パターンを当事者自身が気づいて，臨床家と相談しながら，自ら徐々に変えていく治療法です。

行動だけでなく，物事の考え方にもアプローチする治療法ということでしょうか？

そうです。
先ほど紹介した行動療法は，本人の行動のみに注目して，この行動を変えることを目的とする治療でした。
しかし人の行動，認知（思考），身体の変化，感情，また，生活している環境などはたがいに影響し合っているものです。そして，それぞれの要素が悪い状態になると，ほかの要素にも悪影響が出て，負の循環が生まれてしまうんですね。

いろんな要素がからみ合っているわけですね。

そうです。
ですから，問題行動や心身の症状には，本人の認知（思考）も影響していると考えられるようになり，行動とともに，**認知のパターン**も修正していこうとする治療法が考えられるようになったのです。

なるほど。それが認知行動療法というわけですか。

ええ。
たとえば，多くのうつ病の方たちは，もともと未来のことを悲観的に考える**マイナス思考**，うまくいかないことばかりに注目する**過小評価**といった，**かたよった認知**をもってしまっていることが多いです。
そして，このような考え方が癖になると，自然と悲観的な考えに行き着いてしまうようになり，これが，さらに悲観的な考えを生むという悪循環を引きおこすのです。

どんどん悪い方へ，悪い方へと，無意識のうちに流されてしまうんだ……。

そうなんです。
だからこそ，当事者の極端な物事のとらえ方や受け止め方，そして癖になった行動パターンを当事者自身が気づき，こういった認知のパターンを自ら少しずつ修正していくのを臨床家は助けているのです。

なるほど！
具体的にどのようなことがおこなわれるのでしょうか？

たとえば,「失敗してしまったので私は負け組だ……」とか,「いつも仕事を押しつけてくる同僚がいる。終業後に予定があったのに,同僚に嫌われてしまうのがこわくて,仕方なく仕事を引き受けて先約をキャンセルした」などの状況があったとします。
こういった認知や行動のパターンのままだと,些細なことでも**ストレス**となってしまい,心がなかなか晴れません。

強いストレスになりやすい考え方をしてしまっているわけですね。

はい。そこで,当事者自身が自分の思考や行動を振り返って,なぜそう思ってしまうのか,なぜそのように行動してしまうのかなどの癖を客観的に見つめ直すのです。

ふむふむ。
自分の考え方のよくない癖を知るわけですね。

そうです。さらに,ほかの考え方はないのか,ちがう行動をすればどうなるのかなども一緒に考えていきます。

そして,「こんなときはどのようにふるまうのがよいのか」を計画し,簡単にできそうな行動から実行していくのです。

行動を実行する,というのは具体的にどういうことでしょうか?

たとえば仕事を押し付けてくる同僚の例では,いつものように終業間際に仕事を頼まれたとき,「先約がある」と断ってみます。もしかしたら同僚はほかの人に仕事を頼むかもしれません。もしそうなら,「断ってもさほど悪いことはおきなかったな」ということがわかり,その方法で次も対応すればよいわけです。

で,でも断ったことで,同僚が不機嫌になっちゃったらどうします?

確かに,そのようなこともあるかもしれません。
でも,その場合は**別の対応**を考えてふたたび実行すればよいのです。

物事の解決策は,一つだけじゃないですものね。
何だかいいですね,この方法!

そうでしょう。
こうした認知のパターンの修正のことを,**認知再構成**といいます。
認知再構成の具体的なやり方の一つとしては,**感情の数値**を書きだす方法があります。

感情の数値？
どういうことでしょう？

たとえば,「会議のプレゼンテーションで失敗してしまった」という場面のときに,当事者が感じた感情とその強さを数値で書きだしてもらいます。

私だったら,負の感情の数値がものすごく高くなりそうです。

次に,そういう感情を生みだした思考とその確信の高さを数値で書きだしてもらいます。
その後,事実と照らし合わせて,この思考は正しいものなのか,ほかの考え方はなかったのか,という合理的な考え方を出してもらい,その確からしさを数値化してもらいます。

プレゼンに失敗したときの感情を,いろんな数値で考えてみるんですね。

ええ。最後に、ここまでの作業を終えた現在の本人の感情とその強さを数値で書きだしてもらいます。
すると、なんと悲観的な感情の強さが弱まっていることがあるのです。

ほぉ！
悲観的な考え方の癖が修正された、ということでしょうか？

そうです。
こうした体験を通して、当事者自身が自分の極端な認知を客観的に見ることができるようになり、また、自分がおちいりやすい思考の癖に気づくことで、**より合理的な思考**があることを理解するようになるのです。

ほうほう、自分の考え方を客観的に見るわけですね。

ここでは、認知へのアプローチのみを紹介しましたが、認知行動療法は認知だけではなく、ほかにもさまざまな手法があります。行動、身体の変化、感情、環境にもアプローチをしていこうという治療法です。

ポイント！

心理療法④
認知行動療法
　専門の医師や心理師との会話を通じて、認知のパターンを修正し、癖になった思考や行動パターンを当事者自身が気づいて直していく治療法。

社会での適応力を身につける「生活技能訓練法(SST)」

次に紹介するのは**生活技能訓練法（SST）**です。これは当事者が社会生活を送っていく上で必要となる技能を身につけていく治療法の一つで，対人関係に関する技能をあつかいます。

コミュニケーションのスキルみたいなことですか。

そうですね。人と対話をする中で特に必要とされる，**「状況を的確に把握する」，「どのように対処すればよいかの判断をくだす」，「その判断にもとづいて相手に効果的にはたらきかける」**，という三つの内容を訓練します。

どれも大事なことですね。私もそれほど得意ではありません。具体的にどのような流れで進めていくのですか？

訓練は，グループに分かれておこなわれます。各グループには，専門スタッフが1～2名入ります。
そして，たとえば，当事者の一人が「買い物に行ってお金を払うときに，緊張して手がふるえてしまう」といったように，乗りこえたい課題を提案します。そして実際に，グループの前でそのようすを演じてみせます。

お金を払うとき，実際にどうなってしまうのかをまずみんなで共有するんですね。

そうです。そしてその後、グループのメンバーで、どういうところを改善したらよいか意見を出し合います。
その中で一番よさそうな改善案を採用し、グループのメンバーの一人、もしくはスタッフが、その改善案にしたがった演技をしてみせます。

提案した本人ではなくて、ほかのメンバーやスタッフが演じるんですか？

そうです。まず、改善案をおこなったらどうなるか、提案した本人に実際に見せるんですね。
そして、それを見てから、提案した当事者も同じように演技をしてみます。
そして、当事者が演技をしたときには、よいところを見つけてほめるようにします。

客観的に見るわけなんですね。それに、ほめられたら、自信が持てそうですね。

そして、そこまでできたら、宿題として、当事者は実際に外の社会で買い物に行き、改善案を取り入れたアプローチを実行するという流れとなります。

なるほど。
まずはシミュレーションをしてみて、次に実際の社会で試すということか。

集団の力で回復を目指す「グループ療法」

今説明した生活技能訓練法（SST）は，**グループ療法**という心理療法の一つです。
グループ療法とは，治療のために組織された集団の中でおこなわれる心理療法です。
臨床家とメンバー，またはメンバーとメンバーのあいだの**対人交流**や**集団の力**によって，参加者の人格や行動の改善を目指します。このため，対人関係の問題が主な標的となること，グループ内で今おきていることが重視されることが特徴といえます。

グループ療法は，生活技能訓練法のほかに，どんなものがあるんですか？

治療理論や技法のちがいによって，**精神分析的グループ療法**や，**エンカウンター・グループ**などさまざまなものがあります。

先ほどのSSTでも少し思ったのですが，対人関係の問題の治療法ということですけれど，グループでおこなうこと自体が苦痛になることはありませんか？

実はそうでもないことが多いのです。まずこれらの方法では，参加者が，**集団に受け入れられるという体験を得ることができます。**

そうか，まずそこが大事なんですね。

そうです。そして、心にたまっていた感情を表現することで解放感や快感を得たり、ほかの参加者の気持ちや行動を理解することで、悩んでいるのは自分一人ではないことに気づいたり、さらには、ほかの参加者から新たな適応行動を学習することなどができるのです。

社会って、周りの人からいろいろ学んだり、相手の気持ちを理解する方法を得たりするものですもんね。

そうですね。グループ療法は、まず"小さな社会"の中で、当事者自身が気づいていくように訓練していくものなんですね。

ありのままの自分を受け止める「マインドフルネス」

うつ病の治療法としては，認知行動療法がよく使われています。しかし，認知行動療法でおこなう，自分の認知のパターンに気づき変えていくという作業は，うつ病当事者にとっては大変な負担となることもあります。

確かに，自分の認知におかしなところがあることを認めて，それと正面から向き合うというのは，うつ病じゃない人にとってもなかなかできることじゃありませんね。

このため，最近では，**マインドフルネス**という方法を取り入れた新しい認知行動療法がおこなわれるようになってきました。

まいんどふるねす？

そうです。マインドフルネスは，**仏教**や**禅**，**ヨガ**の流れを受けたもので，**「この瞬間に感じている思考や感情をそのまま受け入れ，気づくことに気持ちを集中させ，それらを一定の距離を保ってながめられるようにする」**方法のことです。

仏教や禅，ヨガ？　なんか，よくわかりませんが……。

仏教や禅といっても，認知行動療法としてのマインドフルネスでは，宗教的な要素は取り除かれています。

とはいえ，禅とかヨガにはあまり縁がないのですが……。どのようなものなんですか？

たとえばあなたは，過去の後悔や，未来に対する不安をくりかえし考えてしまうことはありませんか？

ありますあります。「ああすればよかった」とかしょっちゅうです。それに，仕事でいやなことがあると，「このまま今の仕事を続けていていいんだろうか」とか，くよくよ考えてしまって落ち込みます。

そのような，ストレスを感じる思考をくりかえすことを，**反芻思考**といいます。

反芻思考？

はい。反芻思考におちいってしまうと，ほかのことをあまり考えられなくなります。このため，反芻思考がおきやすい人は，うつ病のリスクが高いと考えられています。

そうなんですね！　先生，そんないやな思考はどうしておきてしまうんですか？

反芻思考がおきているときには,脳内で**デフォルト・モード・ネットワーク**とよばれる神経回路が活性化していると考えられています。

でふぉるどもーどねっとわーく？

はい。この脳神経回路は,安静時など,意識的でないときにはたらいている神経のネットワークで,ぼんやりとしているときに活性化している回路といえるのです。
たとえば,ぼーっとしているときなど,さまざまな思考がとりとめもなく湧き上がってくることはありませんか？

そういえばありますね。脈略もなくいろいろな考えが浮かんでくる感じですね。

そうです。そういうときにネガティブなことを考えだすと,反芻思考におちいりやすいといわれています。
こうして負の思考のサイクルにおちいってしまうと,ほかのことを考えられず,目や耳などから入ってくる情報も正しく認識できなくなってしまうんですね。

それはいやですね！

そこで,**自分の体の状態などに意識を集中させ,無意識に生じているデフォルト・モード・ネットワークの活動を強制的にリセットすることで,反芻思考を止めることが可能になるのではないかと考えられています。**

なるほど。禅とかヨガの要素を取り入れたものということですが，具体的にはどうするんですか？

マインドフルネスでは，今のこの瞬間の自分に意識を向け，自分自身が感じている感覚や感情を，ありのままに観察します。その実践方法として，じっと座って呼吸に意識を集中する**静坐瞑想**が，最もよくおこなわれています。

いわゆる座禅ということですか。

そうです。**静座瞑想などで呼吸や筋肉の動き，その瞬間に体験していることに意識を集中させ，客観的に観察します。**
その際の呼吸法としては，**腹式呼吸**が最適です。腹式呼吸は，腹筋を使った呼吸方法で，息を吐きだすときに腹筋を意識して使い，ゆっくりと吐きだす呼吸方法です。息を吸ったときの倍ぐらいの長さでゆっくりと吐きだすことでセロトニンの分泌量が増え，気持ちが安定して筋肉の緊張が解け，体をリラックスさせることができるともいわれているのです。

ポイント！

マインドフルネス

仏教や禅，ヨガの流れを受けたもので，自分の体の状態に意識を集中させること。デフォルト・モード・ネットワークの活動を強制的にリセットし，反芻思考を止めることができるとされる。

その実践方法として，じっと座って呼吸に意識を集中する静坐瞑想が最もよくおこなわれている。

腹式呼吸

息をじゅうぶんに吐きだし，口を閉じる。すると，鼻から空気が自然と吸い込まれ，息を吸い込むと，自然とお腹がふくらむ。

たっぷり空気を吸い込んだら，また先ほどと同じように腹筋を使って，吸うときの倍ぐらいの長さでゆっくりと息を吐きだす。

決して無理することなく，意識を呼吸に集中させ，深い呼吸を5〜10分くらいくりかえす。

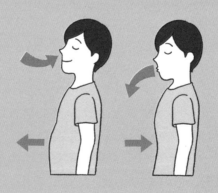

それはいいですね！

瞑想には他にもいろいろな種類があります。鳥の声や電車の音，人の声など複数の音が入り混じった音源を聴きながら，特定の音源に意識を集中する瞑想もあります。

じっとしているといろいろ考えてしまいますけど，ただシンプルに，別なことに気持ちを集中させていれば，いろいろ考えなくて済むってことなんですね。

そうですね。また，集中する部位を，呼吸や耳といった1か所に絞るのではなく，体全体を対象とする**ボディスキャン瞑想**という方法もあります。
たとえば足の指など，まずは身体の一部に意識を集中させます。そして，その部分から伝わる感覚を感じ取り，順番に足裏，足首，ふくらはぎ，すね，太ももへと意識を移していって，身体全体をすみずみまでありのままに観察してくのです。

面白いですね。対象が具体的だと，意識も集中させやすそうです。

ほかの対象物に集中することはむずかしいかもしれませんが，**自分の体**というわかりやすい対象に意識を集中することは，ぼんやりしたときにくりかえされる負の思考サイクルをリセットする訓練として，非常によい方法だといわれているのです。

確かに！
自分の体について意識を集中させるなんて発想,今までありませんでした。

そうやって負の思考サイクルをリセットすることを続けていけば,自身のありのままを受け入れることができるようになっていくと考えられているのです。
現在は,このマインドフルネスのように,自分の感情や考え方を否定せず,あるがままに受け止めながら日常生活を送っていけるよう,少しずつ行動を変えていくという方法が採用されつつあるのです。
こういう生活を続けることで,認知の極端なパターンも自然と解消されていきます。

何だか,自然でよい方法ですね。

このように,自分の感情や思考を否定しないという治療法としては,ほかに森田療法があります。
この方法は,日本の精神科医である森田正馬(もりたまさたけ)(1874〜1938)が開発した方法で,不安症や恐怖症の当事者の治療に使われています。
森田療法は,当事者には,不安や恐怖の感情をひとまず置いておいてもらって,症状のためにできないと思っていた日常の作業や行動を,無理のない範囲から取り組んでもらうという方法です。

不安や恐怖をなくさなきゃ！ というのではなくて「ひとまず置いておく」んですね。

そうです。なぜなら，不安や恐怖を取り除こうとすると，逆にそこに注意が向いてしまい，かえって逆効果になってしまうからです。
森田療法は，それまで自分に向いていた注意，関心を外に向けてもらうという療法なのです。

何か障害にぶつかったら，それを何とかして乗り越えようとせずにひとまず別のことに集中するというのもアリなんですね。

深いレベルの認知にアプローチ「スキーマ療法」

1時間目で取り上げたパーソナリティ症は，一般的に青年期までにあらわれた症状が成人期以降も続き，そこではじめて明らかになることが多いです。ただし，一部のパーソナリティ症は，加齢とともに症状が改善する傾向があるとされています。

たしかパーソナリティ症は，意外に多くの人がなっているというお話でしたね。

そうですね。2001〜2002年におこなわれたアメリカの調査では，**成人の15%が何らかのパーソナリティ症を抱えていると報告されました。**実際，「自分やあの人はパーソナリティ症かもしれない」と思った人もいるかもしれません。

はい。いろいろ聞いていると，私自身も多少その傾向があるんじゃないかと思ってしまいました。

しかし，自身や周囲の人がそのことに強い苦痛を感じていない場合や生活に支障をきたしていない場合は疾患とはされず，当たり前ですが治療の必要もありません。

安易に「パーソナリティ症にちがいない」と決めつけずに，困るようだったら，専門家に相談すればよいのですね。でも，実際にパーソナリティ症だった場合，治療方法は確立されているのでしょうか？

治療としては，カウンセリングによって自己の問題を理解し，行動の変化や苦痛の軽減を目指す心理療法が主におこなわれます。ただし，破壊衝動がある場合などには入院治療をおこなったり，抑うつや不安などの症状が強い場合は薬物療法をおこなうことがあります。
しかし，通常の心理療法で改善が見られない場合には，スキーマ療法という選択肢もあります。

スキーマ療法？　スキーマって何です？

スキーマとは，人の認知の根底にある信念や観念のことです。人はおのおのがもっているスキーマを基礎にして，さまざまな思考がそこから自動的に生まれています。
こうして生まれた思考のことを自動思考といいます。

根底にある信念ですか……。信念なんてそんな立派なもの，もっていたかなあ。

たとえば，何かをやろうとするとき，「失敗するだろう」と考える人がいるとします。その人は「何をやっても失敗する」という信念や観念，つまり**失敗スキーマ**を持っているわけです。

なるほど，そういうことですか。それならいろいろ思い当たりますね。

そうでしょう。このような「失敗スキーマ」のある人は，大事な仕事を前にしても，「まじめに取り組んでも意味がないな」というふうに思ってしまうんですね。

確かに，「どうせ……」って，すぐ言っちゃう人いますね。もともと持っている考え方の癖みたいなものですかね。

そうです。こうしたネガティブなスキーマは，幼少期の経験から形成されうると考えられており，**早期不適応スキーマ**といわれています。早期不適応スキーマは18種類あるとされ，失敗スキーマはその一つです。
次のページの図は，18種類の早期不適応スキーマを五つの分類に分けて並べたものです。

18種類もあるのですか。

スキーマ療法では，カウンセリングによって当事者の早期不適応スキーマへの気づきをうながし，その影響力を弱めたり，自動思考に流されない方法を考えたりすることで，心理的苦痛の解消を目指していきます。
ただし，スキーマ療法は，通常の心理療法にくらべて，当事者の心のさらに深い**中核（コア）領域**にまで踏み込む手法なので，治療には数年単位の期間を要することが多いと考えられています。

そんなに時間がかかるんですね……。

断絶と拒絶

「愛してもらいたい」「理解してもらいたい」など、他者とのかかわりを求める感情・欲求が満たされないことによって形成されるスキーマ群です。これらのスキーマをもつと、他者や自己に対する信頼感が生まれず、生きること自体がつらいものになってしまいます。

見捨てられ／不安定スキーマ
他人とのかかわりは非常に不安定であり、たとえ今自分とかかわっている人でも、今にも自分を見捨てて立ち去ってしまうと感じています。

社会的孤立／疎外スキーマ
自分は人とちがっており、どのようなコミュニティにも所属することのできない孤立した存在であると感じています。

不信／虐待スキーマ
他人はすべて自分につけこみ、自分をいじめ、食い物にするような「虐待者」であり、信用することができないと感じています。

欠陥／恥スキーマ
自分は人間として欠陥のある「ダメ人間」で、そのような自分の存在自体が恥ずかしいと感じています。

情緒的剥奪スキーマ
自分はだれからも愛されず、理解もされず、守ってもらえない存在であると感じています。

自律性と行動の損傷

「しっかりした人間になりたい」「できる人間になりたい」など、自律性や有能性を求める感情・欲求が満たされないことによって形成されるスキーマ群です。これらのスキーマをもつと、自信をもち、能動的に生きることがむずかしくなってしまいます。

依存／無能スキーマ
日常生活を送るにあたって、自分は無能であり、他者からの助けがなくてはまともに生きていけないと感じています。

巻きこまれ／未発達の自己スキーマ
自分が他者（多くは親）に感情的に巻きこまれており、あたかも他者と一体化しているかのように感じています。

損害や疾病に対する脆弱性スキーマ
今にも破局的な出来事がおこり、自分はそれを防ぐこともできないし、対処することもできないと感じています。

失敗スキーマ
「自分のしてきたことは失敗ばかりだ」「何をやっても失敗するだろう」と感じ、自分を「失敗者」だと思っています。

他者への追従

「自分の感情を自由に表現したい」「自分のやりたいことを要求したい」など、自由を求める感情・欲求が満たされないことによって形成されるスキーマ群です。これらのスキーマをもつと、自己の欲求よりも他者を優先する生き方になってしまいます。

服従スキーマ
他者に見捨てられたり報復されたりしないためには、自分の欲求や感情を犠牲にして、他者に服従するしかないと感じています。

評価と承認の希求スキーマ
他者から評価されたり承認されたりすることに過度にとらわれており、他者の評価によって自尊心が左右され、他者の評価を得るためにみずからの行動を選びます。

自己犠牲スキーマ
自分よりも他者を優先し、他者の欲求や感情を自分自身が満たしたりいやしたりすることに過度にとらわれています。

過剰警戒と抑制

「のびのびと動きたい」「楽しく遊びたい」など、自発性や遊びにかかわる感情・欲求が満たされないことによって形成されるスキーマ群です。これらのスキーマをもつと、物事を悲観し、悪いことがおきないようにつねに警戒するような生き方になってしまいます。

否定／悲観スキーマ
人生のネガティブな面ばかりを過大に注目し、ポジティブな面を無視します。いわゆる「マイナス思考」にとらわれており、いつも心配ばかりしています。

感情抑制スキーマ
感情を抱いたり、表出したりすることをおそれています。自分自身の感情をおさえこんだり、あたかも感情をもっていないかのようにふるまったりします。

厳密な基準／過度の批判スキーマ
非常に高い基準を自分や他人に対して設定し、その基準を満たすよう、人にできるだけ努力し、行動すべきであると考えています。

罰スキーマ
人は失敗したらきびしく罰せられるべきという信念を抱いています。自分や他人の過失を簡単に許すことができません。

制約の欠如

「つらくてもなしとげたい」「自分を制御できる人間になりたい」など、自己制御にかかわる感情・欲求が満たされないことによって形成されるスキーマ群です。これらのスキーマをもつと、がまんのできない人になってしまいます。

権利欲求／尊大スキーマ
自分は他者とちがって特別な存在であり、特権と名誉があたえられしかるべきだと信じています。他者より優位に立つこと、ルールにとらわれず自分のやりたいようにすることに過大な価値を置いています。

自制と自律の欠如スキーマ
欲求不満耐性が非常に低く、自らの欲求や衝動を制御したり、目標に向けて計画的に自己を律したりすることができません。

4時間目　心の不調や精神疾患への対応法

脳機能に直接作用する「薬物療法」

今まで説明してきた心理療法は，対人関係を利用する基本的な治療法です。

これに対し，薬物療法は，精神疾患にともなう脳機能に分子のレベルで直接作用する治療法です。薬物療法のみでは根本的に治すことはできませんが，症状をおさえることはできます。そして自身の回復力がスムーズに発揮されてくるのを待つわけです。

ここでは，**抗うつ薬**，**睡眠薬**，**抗酒薬**について紹介していきましょう。

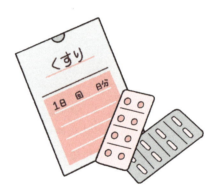

薬物療法は，対症療法というわけですね。

そうなんです。まず，**抗うつ薬**から見ていきましょう。**抗うつ薬には，気分を改善させる，不安や焦燥をおさえる，意欲を増進させる，睡眠障害や食欲不振を改善させるといった作用をもたらします。**

さまざまな症状を改善させる作用があるんですね。

抗うつ薬には，さまざまな種類があります。最近では，従来の抗うつ薬に加えて，副作用の少ない**選択的セロトニン再取り込み阻害薬（SSRI）**が広く使われるようになっています。

セロトニン？　阻害薬？**セロトニン**って何なんですか？

46ページで，強いストレスを感じると，コルチゾールというホルモンが分泌されて，体にはさまざまなストレス反応がおきるとお話ししましたね。コルチゾールは，ストレスホルモンともいわれます。

体を臨戦態勢にするものでしたね。

そうです。一方，**セロトニンは，脳に存在している神経伝達物質（神経細胞どうしで情報をやりとりする際に，神経細胞の末端で，情報を伝達するために分泌される物質）の一つです。**
セロトニンは，恐怖や不安といったストレスに反応する**ノルアドレナリン**や，脳を覚醒させて"やる気"を促すなどのはたらきをもつ**ドーパミン**といった神経伝達物質の分泌を制御し，バランスをとって気持ちを安定させるはたらきをもつ非常に重要な物質で，**しあわせホルモン**といわれたりもします。

ああ，だからセロトニンはうつ病に関係するんですね。

そうです。実は、うつ病の発症のメカニズムはまだはっきりとはしていません。

しかし現在、うつ病の人の脳では、このセロトニンのはたらきが不足していることがわかっています。**有力とされる仮説では、脳内でセロトニンやノルアドレナリンといった、気分や感情に関係する神経伝達物質が不足して、情報の伝達がうまくいかなくなることが原因の一つだとされています。**

うつ病発症のメカニズムとして、強いストレスを感じ続けてコルチゾールが分泌されすぎてしまう説と、気持ちを安定させるセロトニン不足という説があるわけですね。

はい。実際、この仮説をもとにセロトニンの増加をうながすように開発された抗うつ薬は治療効果を示しているんです。

その薬が、選択的セロトニン再取り込み阻害薬（SSRI）なんです。神経細胞によるセロトニンの再取りこみを阻害します。ほかに、**セロトニン・ノルアドレナリン再取り込み阻害薬（SNRI）**などもあります。

なるほど……。セロトニンを増やすのに、「再取りこみを阻害する」ってどういうことなんですか？

少し専門的ですが、そのしくみについてもお話ししましょう。

脳の情報処理をになう神経細胞は、本体からケーブルのような長い突起が幾本も伸びている、ちょっと変わったかたちをしています。

神経細胞は，その突起の先端部分を別の神経細胞にふれあわせることで，情報を伝えているんですね。この神経細胞のつなぎ目を**シナプス**といいます。シナプスのあいだには，ほんのわずかなすきま（シナプス間隙(かんげき)）があるため，神経細胞は突起の先端から神経伝達物質を放出することで，次の神経細胞へと情報を伝達しているんです。セロトニンも，このようにして分泌される神経伝達物質の一つです。

うわ〜！　そんなしくみだったんですね。

そうなんですよ。さて，通常，神経細胞の先端からセロトニンが放出されると，その一部が，もう一方の神経細胞にキャッチされ，情報が伝わります。そして，キャッチされなかったセロトニンは，放出した神経細胞の表面にあるセロトニントランスポーターというタンパク質によって，回収されます。こうして，セロトニンの情報伝達が速やかに終了するようになっているのです。

しかし，うつ病などの当事者では，放出されるセロトニンが少なく，もう一方の神経伝達細胞にあまりセロトニンが届かないと考えられています。**そこでシナプス間隙に放出されたセロトニンが神経細胞に再度回収されるのを阻害することで，シナプス間隙のセロトニン濃度を上昇させようというわけなのです。**

なるほど。まさに分子レベルですね。すごいなあ……。
効果がありそうですね。

4時間目　心の不調や精神疾患への対応法

セロトニンの再取りこみを防ぐ

抗うつ薬の一つであるSSRIが薬効を示すメカニズムをえがきました。SSRIは、神経伝達物質であるセロトニンの再取りこみを防ぎ、シナプス間隙のセロトニン濃度をあげることで、うつ病を治します。

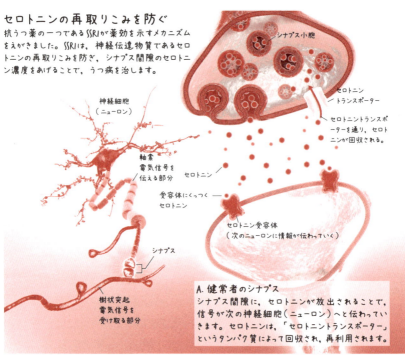

A. 健常者のシナプス
シナプス間隙に、セロトニンが放出されることで、信号が次の神経細胞（ニューロン）へと伝わっていきます。セロトニンは、「セロトニントランスポーター」というタンパク質によって回収され、再利用されます。

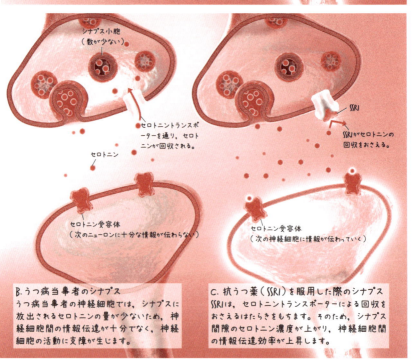

B. うつ病当事者のシナプス
うつ病当事者の神経細胞では、シナプスに放出されるセロトニンの量が少ないため、神経細胞間の情報伝達が十分でなく、神経細胞の活動に支障が生じます。

C. 抗うつ薬（SSRI）を服用した際のシナプス
SSRIは、セロトニントランスポーターによる回収をおさえるはたらきをもちます。そのため、シナプス間隙のセロトニン濃度が上がり、神経細胞間の情報伝達効率が上昇します。

SSRIを服用すると、数時間でシナプス間隙のセロトニン濃度は上昇します。しかし、投与されてから効果が生じるまで、数日から1〜2週間程度の期間が必要です。この効果が生じるまでの期間には、セロトニンの量が増えることで神経細胞間の情報伝達が活発になり、神経細胞から **BDNF（脳由来神経栄養因子）** というタンパク質の分泌量が増えることと関係しているとされています。

脳由来神経栄養因子？

はい。BDNFは、神経細胞の成長をうながすタンパク質です。セロトニンが増えると、BDNFの分泌量が増えて、海馬などで神経細胞が突起をのばしたり、ほかの神経細胞とのつながりを促進したり、新たな神経細胞がつくられると考えられています。ですから、**うつ病の改善には、セロトニンの増加にともなうBDNF分泌の増加が重要だと考えられているのです。**

セロトニンを増やすだけじゃないんですね。

そのようなのです。そして、**この効果が本格的にあらわれるまでには、約2週間以上の一定の時間がかかり、効果が安定するのに数か月から1年間ぐらいは飲み続けることが重要なのです。**

かなり時間がかかるんですね。
「あんまり効いてないなぁ」と思って飲むのをやめてしまうと、せっかく神経細胞のつながりが活性化しようとしているのを止めてしまうことになるんですね。

その通りです。これはSSRIに限ったことではありません。自己判断で薬の量を増やしたり減らしたり，または飲むのをやめてしまったりすると，効果を得られないばかりか，症状の悪化を招くことにもつながり，結局，治るまでにまわり道することになってしまうこともあるのです。

気をつけます。

次に**睡眠薬**についても説明しましょう。睡眠薬は，不眠症状があらわれる精神疾患一般に用いられています。
不眠が強い場合や，即効性がある静脈注射として使われる場合もあります。副作用としては，筋弛緩，眠気，依存性などがあります。

睡眠薬って割と多くの人が利用しているし，比較的身近な薬だと思うのですが，なぜ眠くなるんですか？

従来から最もよく使われている睡眠薬は，**GABA**という神経伝達物質のはたらきを強める薬です。

GABA？

GABAというのは，脳内で不安やイライラを取り除き，眠りに導くはたらきをもつ物質です。
睡眠薬は，このGABAのはたらきを強めることで，脳の興奮をおさえて，眠気をもたらすのです。

すごいですね！

また最近では，私たちの体にそなわる概日リズムに作用することで，より自然な眠りをもたらす睡眠薬も開発されています。

概日リズムって何ですか？

私たちの体にはもともと，朝は覚醒して夜は眠くなるというしくみが備わっています。このような覚醒と睡眠のサイクルを概日リズムといいます。日中にはオレキシンという物質が分泌されて覚醒を維持し，夜になるとメラトニンという物質が分泌されて眠くなり，朝の光でメラトニンの分泌が中止されて覚醒します。

そうなんですね。私たちの体は本当によくできてますね。

概日リズムをコントロールするオレキシンやメラトニンのはたらきに作用することで眠りをもたらす睡眠薬が，近年用いられるようになってきているのです。このような睡眠薬は比較的，副作用が小さいとされています。

ふむふむ。

たとえば，オレキシン分泌を抑制する睡眠薬として**スボレキサント（商品名ベルソムラ），レンボレキサント（商品名デエビゴ）**というものがあります。
また，メラトニン分泌を促すのが，**ラメルテオン（商品名ロゼレム），メラトニン（商品名メラトベル）**です。

睡眠薬って，そういうしくみなんですね。

もう一つ，**抗酒薬**についても少しご紹介しましょう。これは主にアルコール依存症の治療薬です。
あなたもお酒を飲むとお聞きしましたが，飲みすぎのときなど，ひどく気分が悪くなりませんか？

はい。飲み過ぎたときの気分の悪さは最悪ですね。吐きそうになります。お酒を飲み過ぎるとなぜああなってしまうんですかね？

それは，飲酒すると体内に**アセトアルデヒド**という代謝物がたまるからです。肝臓でアルコールが分解されるときに発生するもので，アセトアルデヒドが蓄積すると顔面が紅潮したり，吐き気やめまい，二日酔いなどの不快な身体症状が生じます。

二日酔いの犯人はアセトアルデヒドだったのか……。

アルコールは，肝臓の中で**ADH（アルコール脱水素酵素）**などの酵素によって分解され，アセトアルデヒドになります。アセトアルデヒドは**ALDH（アルデヒド脱水素酵素）**によってさらに分解されて尿や汗として排出されます。
抗酒薬は，このADHの分泌をおさえて，アルコールの代謝を抑制させるものなんですね。ですから，抗酒薬を服用中に飲酒をすると不快な気分になり，アルコール依存症の当事者は断酒の意志を強くすることができる，といううしくみです。抗酒薬には，**シアナミド（商品名シアナマイド）**や**ジスルフィラム（商品名ノックビン）**があります。

うへぇ〜！ 人工的に二日酔いの状態をつくりだすわけですね。荒療治ですね……。

一方で，依存症は脳の報酬系と大きな関係があります。このため，アルコール依存症の当事者の脳の報酬系にはたらきかけて，飲酒欲求そのものをおさえようという薬も使用されるようになりました。
アカンプロサート（商品名レグテクト）は，肝臓への負担も小さく，効果が高いことから，欧米では1980年代から使用されており，日本でも2013年に発売されるようになりました。また，最近では，より効果が大きいと期待されている**ナルメフェン塩酸塩水和物錠（商品名セリンクロ錠）**も発売されています。

さて,ここで心の健康問題や精神疾患にはどんなものがあるのか,それにはどのように対応できるのかについてのお話はいったん終わりにしましょう。
同僚の方の力になれなかったと悔やんでおられましたが,心の不調は改善できますし,あなたのように理解してくれようとする人がいるだけでも,心の不調を感じている方は嬉しいと思いますよ。

今日お話を伺って,私自身,心の不調についていかに知識が浅かったかがよくわかりました。心の健康問題,ましてや精神疾患は,ちょっと他人事みたいなところもありましたけど,とても身近なもので,周囲の理解がとても大切だということもよくわかりました。

その通りです。もし今日のお話で,心の健康についての理解が少しでも深まったなら,うれしいですね。

うつ病になった同僚にも,どう寄り添えばいいか,私なりに考えてみるつもりです。
先生,本日は**どうもありがとうございました！**

4時間目 心の不調や精神疾患への対応法

索引

A〜T

ARMS 64
AUDIT .... 138, 139〜140
DAST-20 .... 125, 126
DSM 22, 23
EMDR 91
fMRI 199
FOMO 170, 171
ICD 22, 23
LOST 159
PHQ-9 43
TALK 54, 55

あ

アルコール依存症 132
うつ病 35, 42
エミール・クレペリン 94-95

か

カウンセリング 258, 260

家族SST 70, 71
気分症(気分障害) 35
ギャンブル障害 153
急性ストレス障害 87, 89
強迫症(強迫性障害) 82, 84
恐怖症 79
グループ療法 274
系統的脱感作法 264, 265
限局性学習症(LD)
.... 184, 189, 236, 241
ゲーム障害 100, 161, 163
行為依存 100, 101, 152
行動療法 263
コルチゾール 46

さ

自己治療仮説 108
支持療法(一般心理療法) .. 257
自閉スペクトラム症(ASD)
.... 184, 189, 202
社交不安症 80, 81

300

身体依存 129, 131
心的外傷後ストレス障害（PTSD）
.... 87, 89
心理療法 256
ジークムント・フロイト 261
スキーマ療法 284
生活技能訓練法（SST） 272
精神依存 130, 131
精神分析法 261, 262
全般不安症 81
双極症（双極性障害） 56, 58

た

注意欠如多動症（ADHD）
.... 184, 189, 220
統合失調症 17, 62, 63

な

認知機能障害 66
認知行動療法 266, 271

は

曝露法（エクスポージャー法）
.... 263, 265
発達障害 182, 183
パニック症 80
ハンス・アスペルガー 209
パーソナリティ症 72, 75
ハームリダクション 177
不安症（不安障害） .. 17, 78, 79
物質依存 100, 101
物質使用症（障害） .. 118, 119

ま〜や

マインドフルネス 276, 280
森田療法 86, 282
薬物依存 17

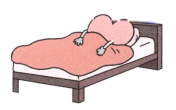

索引

301

シリーズ第 **46** 弾!!

やさしくわかる！
文系のための
東大の先生が教える

ブラックホール

2024年9月上旬発売予定　A5判・304ページ　本体1650円（税込）

　強大な重力で何でも飲みこむ謎の天体「ブラックホール」。一度飲みこまれてしまうと光ですら脱出できません。なんともおそろしい存在です。

　はじめはブラックホールは理論的に存在が予言された天体でしかありませんでした。当初はそのような天体が「あるはずない」と考えられていたのです。しかし，ブラックホールの存在を示すさまざまな証拠が見つかりました。そしてついにブラックホールを直接撮影することにも成功し，2019年にその姿が公開されました。ブラックホールは想像上の天体などではなかったのです。

　ブラックホールの周囲では時空（時間と空間）が大きくゆがんでいるため，時間の進みが遅くなるといいます。ブラックホールはいったいどのようにしてできたのでしょうか？　もしブラックホールに飲みこまれたらどうなるのでしょうか？　本書では，ブラックホールとはいったいどのような天体なのか，先生と生徒の対話形式でやさしく紹介します。おどろくべき天体，ブラックホールの世界をどうぞお楽しみください。

主な内容

イントロダクション

何でも飲みこむ謎の天体
ブラックホールの近くでは時間が止まる!?

星がつぶれてできるブラックホール

予言されたブラックホール
ブラックホールは時空の果て

桁ちがいの「超巨大ブラックホール」

天の川銀河中心のブラックホール
超巨大ブラックホールの姿をとらえた！

ホワイトホールとワームホール

何でもはきだすホワイトホール
宇宙のトンネルワームホール

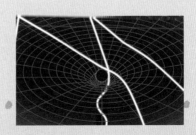

Staff

Editorial Management	中村真哉
Editorial Staff	井上達彦, 宮川万穂
Cover Design	田久保純子
Writer	小林直樹

Illustration

表紙カバー	松井久美		91~95	松井久美	252~253	Newton Press
表紙	松井久美		98	佐藤蘭名	255~288	松井久美
生徒と先生	松井久美		99~104	松井久美	292	Newton Press
4~11	羽田野乃花		107	羽田野乃花	294~301	松井久美
	松井久美		109~110	松井久美	302~303	Newton Press
13~24	松井久美		112	佐藤蘭名		松井久美
26	Newton Press		117	松井久美		
29~40	松井久美		118	羽田野乃花		
44	Newton Press		121	松井久美		
48	佐藤蘭名		122	羽田野乃花		
50~75	松井久美		128~161	松井久美		
76~77	羽田野乃花		163	羽田野乃花		
79	松井久美		164~179	松井久美		
81	羽田野乃花		182~211	羽田野乃花		
84~89	松井久美		214	佐藤蘭名		
90	Newton Press		216~249	羽田野乃花		

監修（敬称略）：
滝沢 龍（東京大学大学院准教授）

やさしくわかる！
文系のための 東大の先生が教える
心の健康科学

2024年9月10日発行

発行人　松田洋太郎
編集人　中村真哉
発行所　株式会社 ニュートンプレス　〒112-0012 東京都文京区大塚3-11-6
　　　　https://www.newtonpress.co.jp/
　　　　電話　03-5940-2451

© Newton Press 2024　Printed in Japan
ISBN978-4-315-52841-1